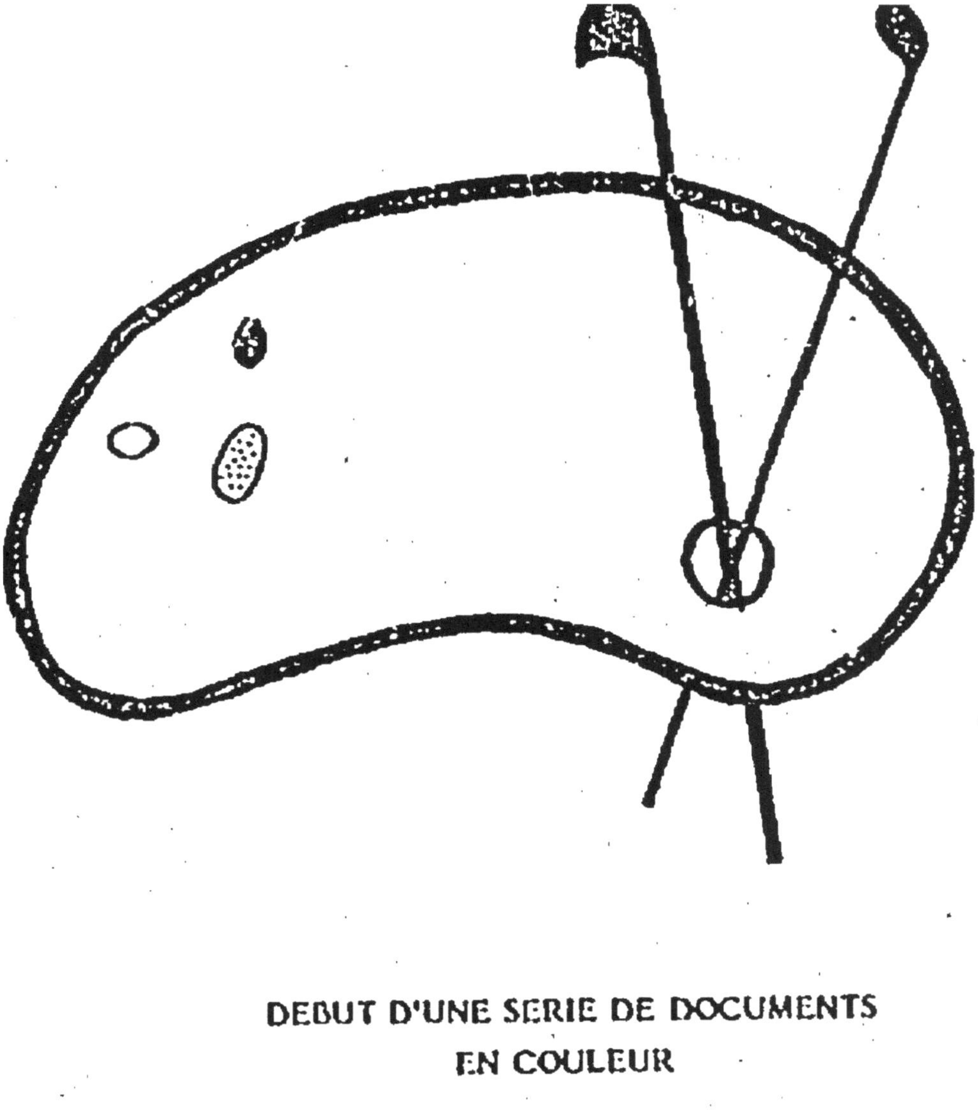

Conserver la Couverture

COURS DE LA FACULTÉ DES SCIENCES DE PARIS
PUBLIÉS PAR L'ASSOCIATION AMICALE DES ÉLÈVES ET ANCIENS ÉLÈVES
DE LA FACULTÉ DES SCIENCES

ASTRONOMIE SPHÉRIQUE

NOTES

SUR LE COURS PROFESSÉ PENDANT L'ANNÉE 1887

Par OSSIAN-BONNET
Membre de l'Institut

Rédigées par BLONDIN et GUILLET

PREMIER FASCICULE

PARIS
GEORGES CARRÉ, ÉDITEUR
58, RUE SAINT-ANDRÉ-DES-ARTS, 58

1889

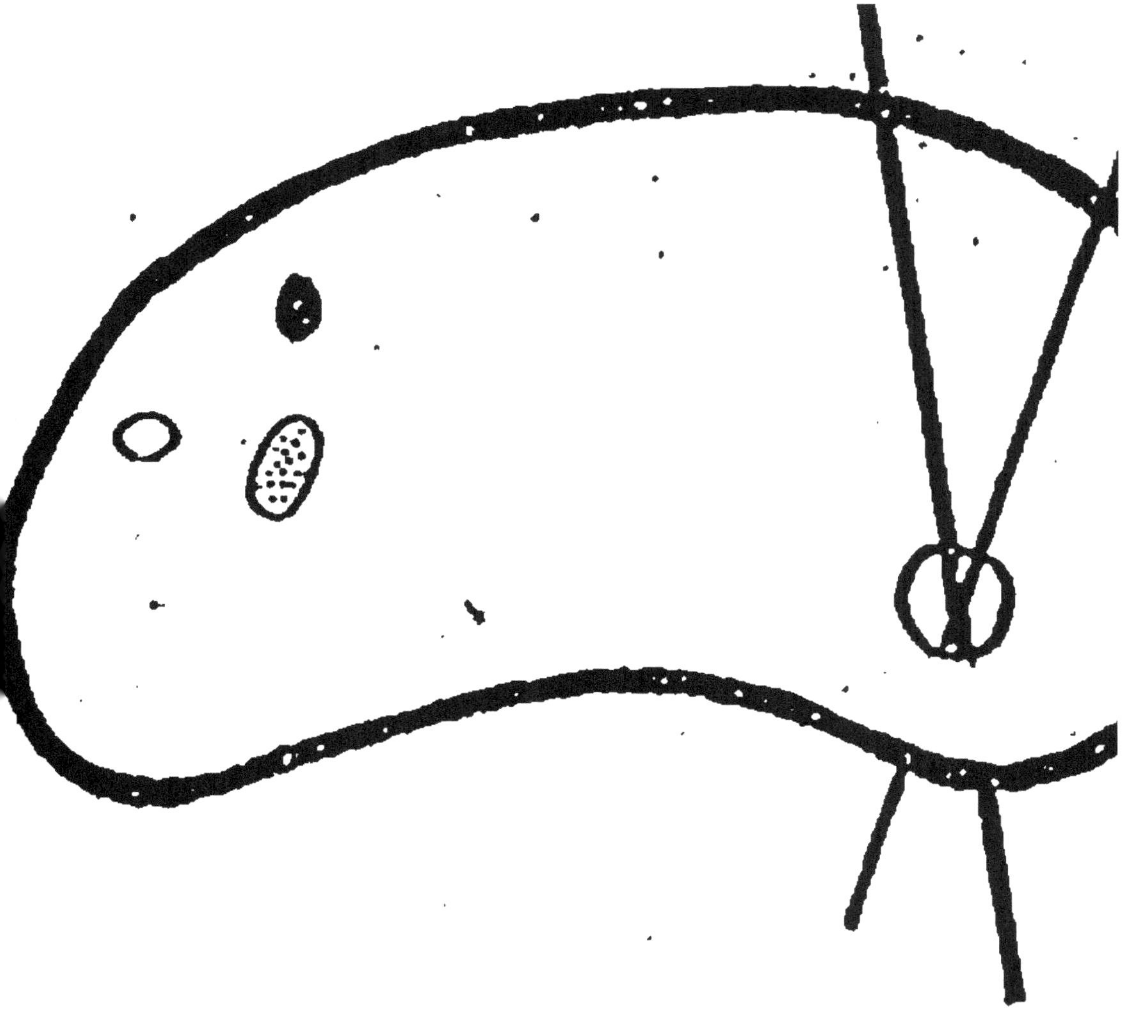

FIN D'UNE SERIE DE DOCUMENTS

ASTRONOMIE SPHÉRIQUE

TOURS, IMPRIMERIE DESLIS FRÈRES

COURS DE LA FACULTÉ DES SCIENCES DE PARIS

PUBLIÉS PAR L'ASSOCIATION AMICALE DES ÉLÈVES ET ANCIENS ÉLÈVES DE LA FACULTÉ DES SCIENCES

ASTRONOMIE SPHÉRIQUE

NOTES

SUR LE COURS PROFESSÉ PENDANT L'ANNÉE 1887

Par OSSIAN-BONNET

Membre de l'Institut

Rédigées par BLONDIN et GUILLET

PREMIER FASCICULE

PARIS

GEORGES CARRÉ, ÉDITEUR

58, RUE SAINT-ANDRÉ-DES-ARTS, 58

1889

ASTRONOMIE SPHÉRIQUE

1. L'astronomie, comme son nom l'indique, a pour objet l'étude des astres, c'est-à-dire de ces corps lumineux que l'on aperçoit surtout pendant la nuit dans ce qu'on appelle vulgairement le ciel. Cette science, la plus ancienne de toutes, a pris de nos jours un développement considérable ; indépendamment des emprunts qu'elle fait à la physique et à la mécanique appliquée pour les instruments employés dans les observations, elle comprend une série de branches se rapportant à des études diverses et qui ont acquis une étendue telle que chacune peut fournir la matière d'un enseignement particulier. Nous ne nous occuperons, conformément au programme de la licence mathématique, que de ce qui concerne la position des astres, en assimilant d'ailleurs ceux-ci à des points mathématiques.

2. Le mot de position d'un point dans l'espace n'a de sens qu'autant que cette position est rapportée à des repères *fixes* ou du moins considérés comme tels, et alors elle comprend :

1° la direction du point, qui est celle de la droite joignant un point particulier, lié invariablement aux repères et pris pour origine, au point considéré ; 2° la distance du point origine au point considéré. Pour la plupart des astres, ceux que l'on désigne sous le nom d'étoiles, et dans l'hypothèse qui paraît la plus naturelle où les repères sont les différents lieux de la terre, les distances du point origine, qui est alors l'œil de l'observateur, aux astres sont tellement grandes que leur détermination par les différents procédés imaginés jusqu'ici ne fournit que des résultats illusoires ; toute étude faite sur ces distances ne pourrait donc rien donner de précis, et on doit se borner à considérer ce qu'on appelle la direction suivant laquelle les étoiles sont vues, direction qui est d'ailleurs indépendante de la position de l'observateur, à cause de l'immense éloignement de celles-ci. Cela posé, une étoile sera définie seulement par une demi-droite illimitée issue de l'œil O de l'observateur et un ensemble d'étoiles par un certain nombre de demi-droites toutes issues du point O, c'est-à-dire par un angle polyèdre ayant le point O pour sommet.

3. Les angles polyèdres étant des figures compliquées sur lesquelles il serait difficile de faire des constructions et des raisonnements, on leur a substitué des figures d'une nature plus simple et plus commode : à cet effet, du sommet O de l'angle polyèdre, c'est-à-dire de l'œil de l'observateur comme centre, et avec un rayon arbitraire, on décrit une sphère ; chaque arête de l'angle polyèdre percera cette sphère en un point qui sera la perspective sur la sphère de l'étoile correspondante à l'arête considérée. Nous conviendrons de substituer cette perspective à l'arête de l'angle polyèdre et nous la regarderons comme la représentation de la direction suivant laquelle l'étoile est située ; de plus, comme nous ne tenons aucun compte de la distance des étoiles au point origine O, nous supposerons que les perspectives des étoiles sont confondues avec les étoiles elles-mêmes : de cette manière celles-ci seront toutes situées sur une même sphère que nous appelerons sphère ou voûte céleste, et toutes les recherches relatives à la position des étoiles reposeront sur la considération de certaines figures sphériques. Ajoutons toutefois que les figures sphériques que nous ferons ainsi intervenir n'ayant aucune existence réelle et étant de simples représentations, il sera convenable et même nécessaire d'attribuer à certains de leurs éléments une signification spéciale qui rappellera la réalité. Ainsi lorsque, dans une figure sphérique tracée sur la voûte céleste, nous prendrons deux points E et E' et l'arc de grand cercle EE' qui mesure leur distance sphérique, ce n'est pas la longueur de cet arc que nous considérerons, car cet arc n'a aucune signification par rapport à la position réelle des deux étoiles E, E', mais nous lui substituerons l'angle au centre EOE' correspondant, lequel représente l'inclinaison de la direction de l'une des étoiles sur la direction de l'autre, et pour abréger nous donnerons à cette inclinaison le nom de distance angulaire des deux étoiles E et E'.

INTRODUCTION

TRIGONOMÉTRIE SPHÉRIQUE

PRÉLIMINAIRES

4. Dans les recherches relatives à la position des étoiles et même de tous les astres, on fait un usage continuel des formules de la trigonométrie sphérique. Nous allons consacrer quelques leçons à la démonstration de ces formules qui ne trouvent actuellement place dans aucun cours élémentaire en France.

Indiquons d'abord quelques notions générales sur lesquelles il est important d'être bien fixé.

5. Considérons sur une sphère de centre O (*fig.* 1) qui, dans les applications à l'astronomie, sera la sphère céleste, trois points A, B, C, non situés sur une même circonférence de grand cercle ; joignons ces points deux à deux par des arcs de grand cercle BC, CA, AB, inférieurs chacun à une demi-circonférence, nous formerons un contour fermé

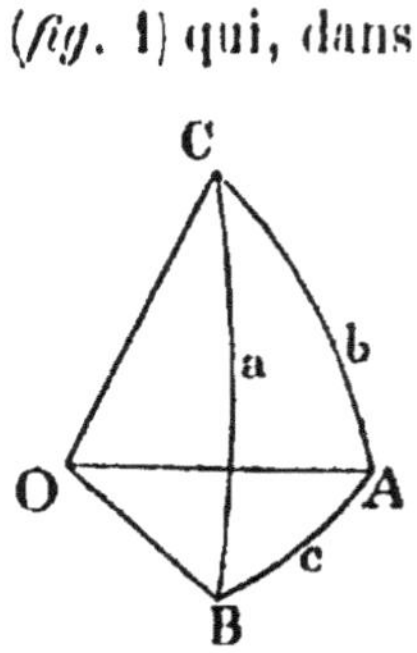

Fig. 1.

qui partagera la sphère en deux parties, l'une plus petite, l'autre plus grande qu'un hémisphère; l'une et l'autre de ces deux portions de sphère sont ce qu'on appelle un triangle sphérique (1). Les sommets de ces deux triangles sont les points A, B, C; les cotés sont, conformément à une convention dont nous avons déjà parlé, non pas les longueurs des arcs de grand cercle BC, CA, AB, qui représentent les distances sphériques des sommets considérés deux à deux, mais les distances angulaires correspondantes, c'est-à-dire l'angle au centre BOC opposé au sommet A que nous appellerons *a*, l'angle au centre COA opposé au sommet B que nous appellerons *b* et l'angle au centre AOB opposé au sommet C que nous appellerons *c*; les angles des triangles sphériques sont les angles dièdres que forment autour du rayon commun à leurs plans respectifs les côtés considérés deux à deux. Les trois angles dièdres inférieurs à deux droits se rapportent au triangle inférieur à un hémisphère, et les trois angles supérieurs à deux droits au triangle supérieur à un hémisphère. Les côtés et les angles d'un triangle sphérique constituent ce qu'on appelle les éléments du triangle. On voit que ces éléments, qui sont tous des angles et au nombre de six, ne sont liés que par trois relations distinctes, parce que trois d'entre eux étant donnés, les trois autres s'en suivent nécessairement. On peut ajouter que, parmi toutes les relations en nombre illimité que l'on peut déduire de trois distinctes, il n'en existe aucune contenant moins de quatre éléments, parce que trois éléments ont toujours des valeurs complètement indépendantes.

6. La plupart des relations qui existent entre les éléments

(1) A moins d'avertissement contraire nous ne considérerons que des triangles inférieurs à un hémisphère.

d'un triangle ne contiennent pas les éléments eux-mêmes, mais ces fonctions des éléments, qui ont reçu en trigonométrie rectiligne la dénomination générale de fonctions trigonométriques, et qui comprennent le sinus, la tangente, la sécante, etc. Nous ne nous arrêterons pas à définir ces fonctions qui sont bien connues, mais nous ferons, *une fois pour toutes*, une remarque que nous signalons comme d'une extrême importance. Les fonctions trigonométriques des éléments d'un triangle devront toujours être considérées comme des nombres abstraits exprimant des rapports de deux longueurs et par conséquent indépendants de toute unité de longueur et d'angle. Cela résulte de ce que ces fonctions se rapportent à des angles et non à des arcs.

7. Unités d'angle. — Certaines relations contiennent à la fois des éléments d'un triangle, c'est-à-dire des angles et leurs fonctions trigonométriques ; les angles y sont alors naturellement évalués en nombres, et, à moins que la relation ne soit homogène par rapport aux différentes lettres qui représentent des angles, elle a une forme qui varie avec l'unité adoptée. Nous allons définir les différentes unités dont on a été conduit à faire usage et indiquer les différentes circonstances de leur emploi.

Quand la relation considérée ne contient que des angles sans fonctions trigonométriques, on adopte l'une des trois unités suivantes :

1° L'angle droit, qui est l'angle dont un côté est perpendiculaire à l'autre et dont les sous-multiples sont des fractions de forme quelconque d'angle droit ;

2° L'angle d'un degré, qui est la 90e partie d'un droit et

dont les sous-multiples sont la minute égale à la 60ᵉ partie d'un degré, la seconde égale à la 60ᵉ partie de la minute et les dixièmes et centièmes de la seconde.

Un angle composé de *n* degrés, *p* minutes, *q* secondes, *n* étant un entier quelconque, *p* un entier plus petit que 60, *q* un nombre composé d'unités, de dixièmes et de centièmes et plus petit que 60, s'écrit ainsi

$$n^{\circ},\ p',\ q''.$$

3° L'angle d'une heure, qui est égal à 15° et dont les sous-multiples sont l'angle d'une minute en temps qui est la 60ᵉ partie de l'angle d'une heure, l'angle d'une seconde en temps qui est la 60ᵉ partie de l'angle d'une minute en temps, enfin les dixièmes de l'angle d'une seconde en temps.

Un angle composé de *n* heures, *p* minutes en temps, *q* secondes en temps, *n* étant un entier quelconque, *p* un entier moindre que 60, *q* un nombre composé d'unités et de dixièmes et plus petit que 60, s'écrit ainsi

$$n^{\mathrm{H}},\ p^{\mathrm{M}},\ q^{\mathrm{S}}.$$

Cette troisième unité et ses sous-multiples ne sont employés qu'en astronomie et pour l'évaluation en nombres de certains angles ou de certaines distances angulaires que nous indiquerons plus tard.

8. Indépendamment des unités d'angle dont nous venons de parler, il en existe une autre entièrement différente et que l'on emploie lorsqu'on considère des relations contenant à la fois des angles et des fonctions trigonométriques. Cette unité est l'angle bien déterminé pour lequel l'arc compris entre ses côtés est toujours égal au rayon avec lequel il a été décrit de son sommet comme centre. Observons d'ailleurs que les conditions en nombre infini qu'exige la définition sont compatibles, car si, pour un rayon particulier AB (*fig.* 2), l'arc BC correspondant à un certain angle au centre BAC est égal au rayon, la même chose aura lieu pour un autre rayon AB'. Cela résulte de ce que les arcs BC et B'C' qui sont semblables ont un rapport égal à celui des rayons, de sorte que le rapport de BC à AB est toujours égal à celui de B'C' à A'B'.

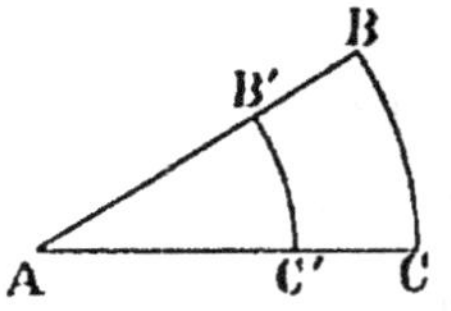

Fig. 2.

L'unité d'angle dont il s'agit se nomme unité trigonométrique et un angle quelconque évalué en nombre avec cette unité est dit évalué trigonométriquement. Le plus souvent la mesure d'un angle A par rapport à une unité quelconque se représente par la même lettre que l'angle considéré comme grandeur; mais, s'il s'agit d'une mesure trigonométrique, on place un petit trait au-dessus et on écrit $\bar{A}$.

9. Voici maintenant deux théorèmes importants.

THÉORÈME. — *La mesure trigonométrique $\bar{A}$ d'un angle A est égale au rapport de l'arc BC compris entre ses côtés au rayon AB avec lequel il a été décrit de son sommet comme centre.*

En effet, si l'on associe à l'angle BAC (*fig.* 3) l'angle BAD égal à l'unité trigonométrique et par conséquent tel que l'arc BD soit égal au rayon AB, nous aurons

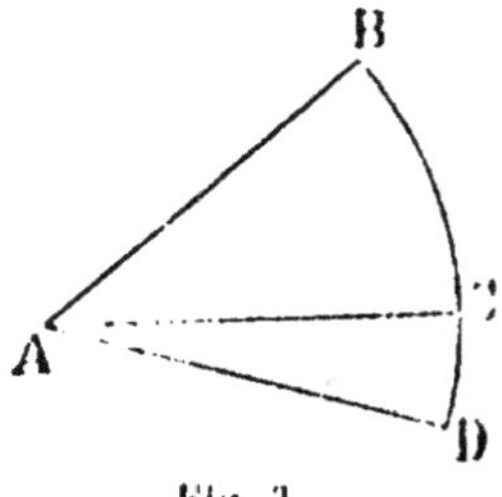

Fig. 3.

$$\bar{A} = \frac{BAC}{BAD} = \frac{BC}{BD} = \frac{BC}{AB}.$$

Comme conséquence, on peut dire qu'un angle droit a $\frac{\pi}{2}$ pour mesure trigonométrique.

THÉORÈME. — *Le rapport de la mesure trigonométrique* $\overline{A}$ *d'un angle* A *au sinus de cet angle a pour limite* 1, *lorsque l'angle décroit indéfiniment.*

Soient (*fig.* 4) BP et CT ce qu'on appelle le sinus et la tangente de l'arc BC en sorte que $\frac{BP}{AB}$ et $\frac{CT}{AB}$ soient le sinus et la tangente de l'angle au centre A. On aura

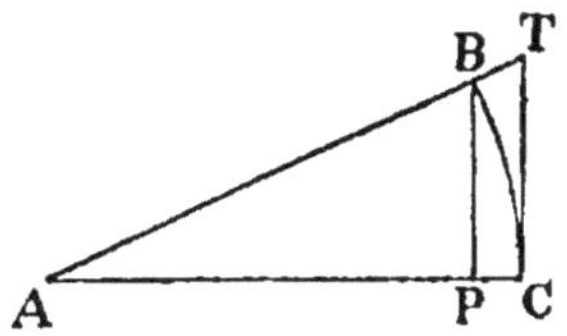

Fig. 4.

$$BP < \text{arc } BC < CT$$

d'où, en divisant par AB,

$$\sin A < \frac{\text{arc } BC}{AB} < \text{tang } A ;$$

mais $\frac{\text{arc } BC}{AB} = \overline{A}$ d'après le théorème précédent ; donc

$$\sin A < \overline{A} < \text{tang } A,$$

d'où

$$1 < \frac{\overline{A}}{\sin A} < \frac{1}{\cos A}.$$

Faisant décroître A indéfiniment, cos A, et par suite $\frac{1}{\cos A}$ tendront vers 1, donc $\frac{\overline{A}}{\sin A}$, compris entre 1 et $\frac{1}{\cos A}$, tendra aussi vers 1.

10. Remarques. — La relation précédente, $\lim \frac{\overline{A}}{\sin A} = 1$, est la plus simple de toutes celles qui contiennent à la fois des angles et des fonctions trigonométriques ; la démonstration que nous en avons donnée repose sur ce que l'angle qui y entre est évalué en nombre trigonométriquement, et du reste il est aisé de voir qu'elle n'est plus vraie quand on considère une autre unité. En effet, si on prend une unité m fois plus petite que l'unité trigonométrique, la mesure de l'angle deviendra m fois plus grande, le sinus ne changera pas, donc le rapport de l'angle au sinus sera multiplié par m et la limite de ce rapport sera m au lieu de 1.

La relation

$$(1) \qquad \lim \frac{\overline{A}}{\sin A} = 1$$

est tout à fait fondamentale : on en déduit d'abord l'expression connue des dérivées des fonctions trigonométriques :

$$\frac{d.\sin x}{dx} = \cos x, \quad \frac{d.\cos x}{dx} = -\sin x, \quad \frac{d.\operatorname{tang} x}{dx} = \sec^2 x, \text{ etc.}$$

et ces résultats ne sont exacts, comme la relation (1), que si x se réduit à $\overline{x}$, c'est-à-dire est une mesure trigonométrique.

Les développements en série, tels que :

$$\sin x = x - \frac{x^3}{2.3} + \frac{x^5}{2.3.4.5} - ,\ldots$$

$$\cos x = 1 - \frac{x^2}{2} + \frac{x^4}{2.3.4} - ,\ldots$$

et un grand nombre d'autres que nous aurons occasion d'employer, s'établissent, comme on sait, par la considération des dérivées des fonctions trigonométriques; donc ces développements ne sont vrais aussi qu'autant que la mesure x se réduit à $\overline{\omega}$, c'est-à-dire qu'autant qu'elle est une mesure trigonométrique.

Ces différentes remarques motivent le choix qui a été fait de l'unité trigonométrique d'angle.

11. Changements d'unités. — Il arrive souvent qu'après avoir évalué un angle en nombre avec une certaine unité, on veuille trouver sa mesure par rapport à une autre unité. Indiquons la solution des principaux cas que présente ce problème important.

PREMIER PROBLÈME. — *Un angle exprimé en temps, étant de*

$$n^{\mathrm{H}},\ p^{\mathrm{M}},\ q^{\mathrm{S}},$$

quelle est sa valeur en degrés, minutes et secondes ordinaires?

Une première réponse est

$$(15n)^{\circ},\ (15p)',\ (15q)'',$$

mais ce résultat n'a pas la forme exigée pour les nombres complexes, car le nombre 15 p des minutes et celui 15 q des secondes ne sont pas nécessairement inférieurs à 60.

Appelons p_1 et q_1 les parties entières de $\frac{p}{4}$ et de $\frac{q}{4}$, et posons

$$p = 4p_1 + p_2, \qquad q = 4q_1 + q_2;$$

nous aurons

$$(15p)' = (60p_1)' + (15p_2)' = p_1{}^{o} + (15p_2)',$$

$$(15q)'' = (60q_1)'' + (15\,q_2)'' = q_1{}' + (15q_2)'';$$

et le nombre ci-dessus pourra être mis sous la forme

$$(15n + p_1)^{o},\ (15p_2 + q_1)',\ (15q_2)''$$

qui maintenant remplit toutes les conditions relatives à l'expression des nombres complexes. En effet, q étant moindre que $4\,(q_1 + 1)$, q_2 est moindre que 4 ; donc $15\,q_2$ est moindre que 60; en second lieu p_2, qui est entier puisque p et p_1 le sont, et moindre que 4 comme q_2, est au plus égal à $4 - 1$; q_1, qui est entier et moindre que 15, puisque q est moindre que 60, est au plus égal à $15 - 1$; donc la plus grande valeur de $15\,p_2 + q_1$ est $15\,(4 - 1) + 15 - 1 = 60 - 1$, c'est-à-dire moindre aussi que 60; ajoutons que $15n + p_1$ et $15p_2 + q_1$ sont entiers.

12. Deuxième problème. — *Un angle étant égal à*

$$n\,,\ p',\ q'',$$

trouver sa valeur en heures, minutes en temps, secondes en temps.

Une première solution est

$$\left(\frac{n}{15}\right)^{\mathrm{H}},\ \left(\frac{p}{15}\right)^{\mathrm{M}},\ \left(\frac{q}{15}\right)^{\mathrm{S}},$$

mais ce résultat n'a pas la forme voulue, parce que les nombres d'heures et de minutes en temps ne sont pas nécessairement entiers.

Appelons n_1 et p_1 les parties entières de $\frac{n}{15}$, $\frac{p}{15}$, et posons

$$n = 15\,n_1 + n_2, \qquad p = 15p_1 + p_2\,;$$

nous aurons

$$\left(\frac{n}{15}\right)^{\text{H}} = \left(n_1 + \frac{n_2}{15}\right)^{\text{H}} = n_1^{\text{H}} + \left(\frac{4n_2}{60}\right)^{\text{H}} = n_1^{\text{H}} + \left(4n_2\right)^{\text{M}}$$

$$\left(\frac{p}{15}\right)^{\text{M}} = \left(p_1 + \frac{p_2}{15}\right)^{\text{M}} = p_1^{\text{M}} + \left(\frac{4p_2}{60}\right)^{\text{S}} = p_1^{\text{M}} + \left(4p_2\right)^{\text{S}}$$

et le nombre ci-dessus pourra se mettre sous la forme

$$n_1^{\text{H}} + \left(4n_2 + p_1\right)^{\text{M}} + \left(4p_2 + \frac{q}{15}\right)^{\text{S}}$$

qui remplit maintenant toutes les conditions relatives à l'expression des nombres complexes. Il suffit pour le voir d'observer que n_1 et $4\,n_2 + p_1$ sont entiers et que de plus $4\,n_2 + p_1$ et $4p_2 + \frac{q}{15}$, dont on obtient une limite supérieure en faisant

$$n_2 = 15 - 1, \qquad p_1 = 4 - 1, \qquad p_2 = 15 - 1, \qquad q = 60,$$

sont moindres que 60.

13. Les deux problèmes précédents ne se rapportent qu'à certains angles particuliers appelés angles horaires. Nous allons en résoudre deux autres relatifs à des angles quelconques et dont nous signalerons d'abord l'utilité toute spéciale.

Les angles se présentent en astronomie sous deux points de vue différents, comme données et résultats définitifs, ou bien comme inconnues auxiliaires figurant dans les formules algébriques empruntées à l'analyse. Dans le premier cas ils seront exprimés en degrés, minutes et secondes ou simplement en secondes, c'est-à-dire rapportés à ce que nous appellerons l'unité géométrique ; dans le second cas ils seront, dans un but de simplification des formules, évalués en nombre avec l'unité trigonométrique. Cet emploi simultané des mesures trigonométriques et des mesures géométriques rend indispensable la solution des deux questions suivantes :

Un angle étant donné par sa mesure trigonométrique, trouver sa valeur en secondes, c'est-à-dire sa mesure géométrique.

Un angle étant donné en secondes, c'est-à-dire par sa mesure géométrique, trouver sa mesure trigonométrique.

On sait que le rapport de deux grandeurs A et B de même nature est égal au quotient des mesures de ces grandeurs par rapport à une même unité quelconque. Cela posé, soient A et B deux angles quelconques, appelons $\overline{a}$ et a les mesures trigonométrique et géométrique de A, $\overline{b}$ et b les mesures trigonométrique et géométrique de B, nous aurons

$$\frac{A}{B} = \overline{a} : \overline{b} = a : b = \ldots$$

par suite,

$$\overline{a} : a = \overline{b} : b$$

Or prenons B égal à deux droits, $\overline{b}$ sera égal à π que nous remplacerons par sa valeur approchée 3,1415, b sera égal à 180.60.60 = 648000 ; donc on aura $\overline{a} = a\,\frac{\pi}{648000} = \frac{a}{206264,8}$ et par suite $a = \overline{a} \times 206264,8$.

Ainsi, pour avoir la mesure trigonométrique d'un angle, connaissant la mesure géométrique de cet angle, il suffit de multiplier celle-ci par $\frac{1}{206264,8}$, et pour avoir la mesure géométrique d'un angle, connaissant la mesure trigonométrique du même angle, il suffit de multiplier cette dernière par 206264,8 ou de la diviser par $\frac{1}{206264,8}$. Le facteur $\frac{1}{206264,8}$ admet une interprétation simple qui en facilite l'écriture. On voit d'abord que ce facteur est la mesure trigonométrique d'un angle égal à $1''$, mais l'angle de $1''$ étant très petit se mesure trigonométriquement avec une très grande approximation par son sinus, car le rapport de la mesure trigonométrique d'un angle au sinus tend vers 1, lorsque l'angle tend vers zéro ; on a donc sensiblement $\frac{1}{206264,8} = \sin 1''$ et par conséquent

$$\overline{a} = a \sin 1'', \qquad a = \frac{\overline{a}}{\sin 1''}.$$

Ces deux relations nous seront fort utiles plus tard. — Il faut cependant remarquer qu'elles ne sont qu'approchées ; les véritables relations sont :

$$\overline{a} = a\,\frac{\pi}{648000} \qquad a = \overline{a}\,\frac{648000}{\pi}.$$

RELATIONS ENTRE LES COTÉS ET LES ANGLES D'UN TRIANGLE SPHÉRIQUE.

I. — FORMULES RELATIVES AUX TRIANGLES RECTANGLES

14. Nous allons établir les relations qui lient entre eux les différents éléments des triangles sphériques, et d'abord nous considérerons les formules relatives aux triangles rectangles, qui sont non seulement les plus simples, mais aussi les plus importantes, car les triangles obliquangles peuvent toujours se décomposer en triangles rectangles.

Soit donc (*fig.* 5) un triangle sphérique ABC, rectangle en A. Désignons par A,B,C les angles et par a,b,c les côtés de ce triangle; c'est-à-dire les angles dièdres et les faces du trièdre dont le sommet est au centre de la sphère et dont les arêtes passent par les points A, B, C; coupons ce trièdre par le plan tangent en B à la sphère O, ou en d'autres termes par le plan mené en B perpendiculairement à OB, nous obtiendrons un triangle rectiligne TBU dont les éléments, côtés et angles, s'exprimeront aisément en fonction de ceux du triangle sphérique ABC. En effet l'angle UBT est évidemment égal à B, l'angle UTB est droit; cela résulte de ce que les deux plans UOT, UBT, étant l'un et l'autre perpendiculaires

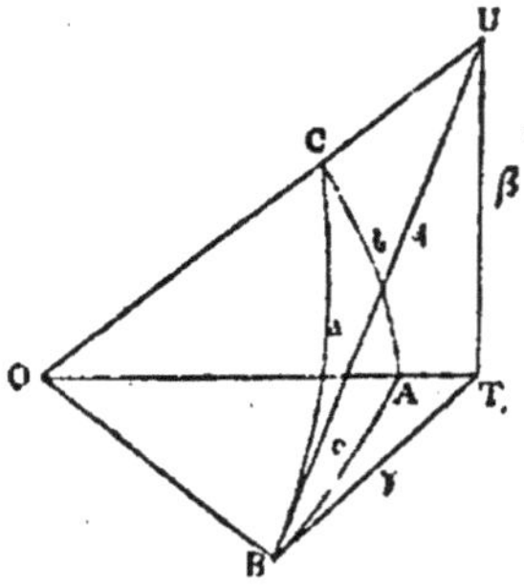

Fig. 5.

à TOB, le premier par hypothèse, le second parce qu'il est perpendiculaire à la droite OB contenue dans TOB, ont pour intersection TU, une perpendiculaire au plan TOB et par suite à la droite BT de ce plan : on trouve ensuite BUT $= 90° - B$; quant aux côtés du triangle rectiligne TBU qui sont des longueurs et que nous appelerons $\alpha = BU$, $\beta = UT$, $\gamma = TB$, on a par les définitions mêmes

$$\alpha = OB \operatorname{tang} a, \qquad \gamma = OB \operatorname{tang} c$$

$$\beta = OT \operatorname{tang} b = OB \frac{\operatorname{tang} b}{\cos c}$$

Si maintenant on écrit les relations connues qui existent entre les éléments d'un triangle rectiligne rectangle et qui sont ici

$$\alpha^2 = \beta^2 + \gamma^2,$$

$$\sin B = \frac{\beta}{\alpha}, \qquad \cos B = \frac{\gamma}{\alpha}, \qquad \operatorname{tang} B = \frac{\beta}{\gamma},$$

il suffira d'y remplacer α, β, γ par leurs valeurs, et on aura

$$\operatorname{tang}^2 a = \frac{\operatorname{tang}^2 b}{\cos^2 c} + \operatorname{tang}^2 c,$$

$$\sin B = \frac{\operatorname{tang} b}{\operatorname{tang} a \cos c}, \qquad \cos B = \frac{\operatorname{tang} c}{\operatorname{tang} a}, \qquad \operatorname{tang} B = \frac{\operatorname{tang} b}{\sin c}.$$

La première de ces relations devient, en ajoutant 1 aux deux membres,

$$\frac{1}{\cos^2 a} = \frac{1}{\cos^2 c} + \frac{\operatorname{tang}^2 b}{\cos^2 c} = \frac{1}{\cos^2 b \cos^2 c},$$

d'où $$\cos a = \pm \cos b \cos c;$$

et la seconde peut alors s'écrire

$$\sin B = \frac{\sin b \cos a}{\sin a \cos b \cos c} = \pm \frac{\sin b}{\sin a},$$

ce qui montre d'abord, B, a, b étant inférieurs à 180°, que le signe + doit seul être pris, en sorte que l'on a

$$\cos a = \cos b \cos c, \qquad \sin B = \frac{\sin b}{\sin a},$$

et en même temps les deux formules déjà écrites

$$\cos B = \frac{\operatorname{tang} c}{\operatorname{tang} a}, \qquad \operatorname{tang} B = \frac{\operatorname{tang} b}{\sin c}.$$

Ces résultats sont obtenus par la considération du triangle rectiligne rectangle UBT, résultant de l'intersection du trièdre OABC avec le plan tangent de la sphère au sommet B. Si on avait pris le triangle rectiligne analogue représentant l'intersection du même trièdre avec le plan tangent à la sphère au sommet C, on aurait trouvé trois nouveaux résultats que l'on peut avoir sur le champ en changeant B en C, C en B, b en c, c en b et qui sont

$$\sin C = \frac{\sin c}{\sin a}, \qquad \cos C = \frac{\operatorname{tang} b}{\operatorname{tang} a}, \qquad \operatorname{tang} C = \frac{\operatorname{tang} c}{\operatorname{tang} b}$$

Enfin des combinaisons simples et qui se présentent d'elles-mêmes donnent trois nouvelles formules

$$\operatorname{tang} B \operatorname{tang} C = \frac{\operatorname{tang} b}{\sin c} \cdot \frac{\operatorname{tang} c}{\sin b} = \frac{1}{\cos b \cos c} = \frac{1}{\cos a},$$

$$\frac{\sin B}{\cos C} = \frac{\sin b}{\sin a}\frac{\tang a}{\tang b} = \frac{\cos b}{\cos a} = \frac{1}{\cos c} \quad \text{ou} \quad \cos C = \cos c \sin B,$$

$$\frac{\sin C}{\cos B} = \frac{\sin c}{\sin a}\frac{\tang a}{\tang c} = \frac{\cos c}{\cos a} = \frac{1}{\cos b} \quad \text{ou} \quad \cos B = \cos b \sin C.$$

15. On a donc en résumé :

$$(a)\left\{\begin{array}{lr}
(1) & \cos a = \cos b \cos c, \\
(2) & \sin B = \dfrac{\sin b}{\sin a}, \\
(3) & \cos B = \dfrac{\tang c}{\tang a}, \\
(4) & \tang B = \dfrac{\tang b}{\sin c}, \\
(5) & \sin C = \dfrac{\sin c}{\sin a}, \\
(6) & \cos C = \dfrac{\tang b}{\tang a}, \\
(7) & \tang C = \dfrac{\tang c}{\sin b}, \\
(8) & \tang B \tang C = \dfrac{1}{\cos a}, \\
(9) & \cos B = \cos b \sin C, \\
(10) & \cos C = \cos c \sin B,
\end{array}\right.$$

ou, en remplaçant les tangentes par leurs valeurs en sinus et cosinus et chassant les dénominateurs afin de n'avoir que des facteurs toujours finis,

$$
(a')\quad
\left\{
\begin{aligned}
\cos a &= \cos b \cos c,\\
\sin b &= \sin a \sin B,\\
\sin c \cos a &= \sin a \cos c \cos B,\\
\sin b \cos B &= \sin c \cos b \sin B,\\
\sin c &= \sin a \sin C,\\
\sin b \cos a &= \sin a \cos b \cos C,\\
\sin c \cos C &= \sin b \cos c \sin C,\\
\cos B \cos C &= \sin B \sin C \cos a,\\
\cos B &= \cos b \sin C,\\
\cos C &= \cos c \sin B.
\end{aligned}
\right.
$$

16. Les formules précédentes constituent toutes les relations qui existent entre les 5 éléments variables d'un triangle sphérique rectangle, considérés trois à trois ; elles sont au nombre de $\frac{5.4.3}{2.3} = 10$ et fournissent immédiatement sans calculs préalables ni préparations logarithmiques la solution de tous les problèmes que présente la résolution des triangles rectangles. Ajoutons que leur emploi le plus avantageux correspond aux cas où les éléments inconnus sont donnés par leur cosinus ou leur tangente ; car alors ces éléments sont complètement déterminés, tandis qu'ils admettent deux valeurs supplémentaires l'une de l'autre lorsqu'ils sont définis par leur sinus. L'indétermination qui existe pour un élément inconnu, calculé par son sinus peut toutefois être levée dans la plupart des cas, en observant que d'après la formule(1) le nombre des côtés aigus est toujours impair, c'est-à-dire égal à 1 ou à 3, et d'après les formules (9) et (10) qu'un côté de l'angle droit b ou c et l'angle opposé B ou C sont en même temps aigus ou obtus ; et l'on reconnaît que le seul cas de la résolution des triangles sphériques rectangles qui admette réellement deux solutions impossibles à séparer, est celui où les éléments connus sont un côté de l'angle droit et l'angle opposé.

17. Les relations (a) ou (a') peuvent être considérées comme les formules fondamentales de la trigonométrie sphérique. Nous aurons à en faire un emploi continuel et dès lors il sera fort utile de pouvoir les écrire immédiatement sans passer par leur démonstration. Or c'est ce à quoi l'on parvient aisément pourvu qu'on ait conservé un vague souvenir de leur forme et de leur composition.

En examinant avec attention les formules (a) ou plutôt leurs équivalentes (a'), on reconnaît tout d'abord qu'elles sont à deux termes et à 3 éléments, c'est-à-dire qu'elles expriment l'égalité de deux monomes fonctions de 3 des 5 éléments côtés et angles du triangle rectangle considéré. Les monomes qui constituent le premier et le second membre sont précédés du signe +, entiers et rationnels, sans coefficients ni exposants ; le nombre des facteurs simples dont chaque monome se compose est de trois au plus et les nombres des facteurs qui entrent respectivement dans les deux membres de la même relation diffèrent toujours de 1, en sorte que ces nombres sont 1 et 2 ou 2 et 3 ; les facteurs simples dont chaque monome ou chaque membre se compose sont : soit le sinus, soit le cosinus de l'un des trois éléments du triangle auxquels la relation se rapporte. Le sinus et le cosinus d'un même élément ne peuvent jamais se trouver ensemble dans le même membre, enfin le sinus et le cosinus de deux éléments sont nécessairement l'un dans un membre, l'autre dans l'autre, quand ces deux membres renferment respectivement deux et trois facteurs. Telles sont les propriétés dont nous supposerons que l'on ait conservé le souvenir et qui vont nous suffire pour retrouver les formules (a').

18. *Occupons-nous d'abord de la relation qui existe entre a, b, c.*

Écrivons sur une même ligne horizontale tous les facteurs qui peuvent se trouver dans chaque membre, c'est-à-dire le sinus et le cosinus de a, de b et de c.

Premier membre :	$\sin a$, $\cos a$, $\sin b$, $\cos b$, $\sin c$, $\cos c$,
Deuxième membre :	$\sin a$, $\cos a$, $\sin b$, $\cos b$, $\sin c$, $\cos c$,

puis voyons quels sont les facteurs qu'il faut supprimer et les facteurs qu'il faut conserver dans chaque membre.

Il est aisé de voir par la définition du pôle d'un grand cercle que lorsqu'un des côtés de l'angle droit d'un triangle rectangle est égal à 90°, l'hypoténuse est aussi égale à 90°, l'autre côté de l'angle droit restant d'ailleurs entièrement quelconque ; de là résulte que la relation cherchée doit se réduire à une identité $o = o$, lorsqu'on y fait $\cos a = o$ et en même temps : soit $\cos b = o$, soit $\cos c = o$; par conséquent l'un des membres de cette relation, le premier, par exemple, contient $\cos a$ en facteur et l'autre membre contient le facteur $\cos b$ et le facteur $\cos c$, ce que nous conviendrons d'exprimer de la manière suivante :

$$\text{Premier membre : } \sin a,\ \overset{+}{\cos}\, a,\ \sin b,\ \cos b,\ \sin c,\ \cos c,$$

$$\text{Deuxième membre : } \sin a,\ \cos a,\ \sin b,\ \overset{+}{\cos}\, b,\ \sin c,\ \overset{+}{\cos}\, c.$$

mais la présence de cos a dans le premier membre entraîne l'absence de cos a dans le deuxième membre et l'absence de sin a dans le premier, de même la présence de cos b et de cos c dans le deuxième membre, entraîne l'absence de cos b et de cos c dans le premier et celle de sin b, et sin c dans le deuxième; donc en indiquant l'absence d'un facteur par le signe — placé au-dessus, on a en second lieu,

$$\text{Premier membre}: \overset{-}{\sin}\, a,\ \overset{+}{\cos}\, a,\ \sin b,\ \overset{-}{\cos}\, b,\ \sin c,\ \overset{-}{\cos}\, c,$$

$$\text{Deuxième membre}: \sin a,\ \overset{-}{\cos}\, a,\ \overset{-}{\sin}\, b,\ \overset{+}{\cos}\, b,\ \overset{-}{\sin}\, c,\ \overset{+}{\cos}\, c,$$

par suite, en se rappelant les différentes hypothèses faites plus haut, on voit que la relation cherchée ne peut avoir que l'une des quatre formes suivantes :

$$\cos a = \cos b \cos c,$$

$$\cos a \sin b = \sin a \cos b \cos c,$$

$$\cos a \sin c = \sin a \cos c \cos b,$$

$$\cos a \sin b \sin c = \cos b \cos c\ ;$$

or, la deuxième et la troisième sont inacceptables parce qu'elles ne sont pas symétriques par rapport à b et à c, la quatrième doit aussi être rejetée car si on y fait a, b et c très petits, le premier membre est très petit et le second très près de 1. On a donc nécessairement

$$\cos a = \cos b \cos c.$$

19. *Passons a la relation qui lie l'hypoténuse a aux deux angles variables B et C.*

Écrivons comme plus haut tous les facteurs simples qui peuvent se trouver dans chacun des deux membres de la relation cherchée, à savoir :

Premier membre : $\sin a, \cos a, \sin B, \cos B, \sin C, \cos C,$

Deuxième membre : $\sin a, \cos a, \sin B, \cos B, \sin C, \cos C\,;$

il est aisé de voir que lorsque l'hypoténuse est égale à 90° en même temps que l'un des angles variables, l'autre angle variable peut être entièrement quelconque, j'en conclus en raisonnant comme plus haut que le premier membre de la relation contient $\cos a$ en facteur et que le deuxième contient à la fois $\cos B$ et $\cos C$, ce qui donne

Pour le premier membre : $\sin a, \overset{+}{\cos} a, \sin B, \cos B, \sin C, \cos C,$

Pour le deuxième membre : $\sin a, \cos a, \sin B, \overset{+}{\cos} B, \sin C, \overset{+}{\cos} C\,;$

par suite,

Pour le premier membre : $\overset{-}{\sin} a, \overset{+}{\cos} a, \sin B, \overset{-}{\cos} B, \sin C, \overset{-}{\cos} C.$

Pour le deuxième membre : $\sin a, \overset{-}{\cos} a, \sin B, \overset{+}{\cos} B, \sin C, \overset{+}{\cos} C\,;$

mais d'autre part, pour $B = 90°$ et $C = o$, de même que pour $C = 90°$ et $B = o$, a peut avoir une valeur quelconque ; cela prouve que $\sin B$ et $\sin C$ se trouvent dans le premier membre. Enfin $\sin B$ et $\cos B$ de même que $\sin C$ et $\cos C$ étant dans les deux membres, $\sin a$ et $\cos a$ doivent ne pas s'y trouver d'après nos hypothèses, $\sin a$ n'est donc pas dans le deuxième membre et la relation n'admet que la forme

$$\cos a \sin B \sin C = \cos B \cos C.$$

20. *Passons à la relation qui lie un côté de l'angle droit b aux deux angles variables B et C.*

Écrivons toujours les deux groupes de facteurs susceptibles d'entrer dans les deux membres, nous aurons:

Pour le premier membre: $\sin b$, $\cos b$, $\sin B$, $\cos B$, $\sin C$, $\cos C$.

Pour le deuxième membre: $\sin b$, $\cos b$, $\sin B$, $\cos B$, $\sin C$, $\cos C$;

Il est aisé de voir que pour $b = 90°$, qui entraine $B = 90°$, C reste quelconque, donc $\cos B$ entre en facteur dans le premier membre et $\cos b$ entre en facteur dans le deuxième, et l'on a,

Pour le premier membre :

$$\sin b,\ \cos b,\ \sin B,\ \overset{+}{\cos}\, B,\ \sin C,\ \cos C.$$

Pour le second membre :

$$\sin b,\ \overset{+}{\cos}\, b,\ \sin B,\ \cos B,\ \sin C,\ \cos C;$$

par suite

Pour le premier membre :

$$\sin b,\ \overset{-}{\cos}\, b,\ \overset{-}{\sin}\, B,\ \overset{+}{\cos}\, B,\ \sin C,\ \cos C.$$

Pour le second membre :

$$\overset{-}{\sin}\, b,\ \overset{+}{\cos}\, b,\ \sin B,\ \overset{-}{\cos}\, B,\ \sin C,\ \cos C;$$

mais en posant $B = 90°$ et $C = o$, on peut supposer b quelconque, donc $\sin C$ entre en facteur dans le deuxième membre et par suite manque dans le premier, l'on a donc

Pour le premier membre :

$$\sin b,\ \overset{-}{\cos}\, b,\ \overset{-}{\sin}\, B,\ \overset{+}{\cos}\, B,\ \overset{-}{\sin}\, C,\ \cos C,$$

Pour le second membre :

$$\overset{-}{\sin}\, b,\ \overset{+}{\cos}\, b,\ \sin B,\ \overset{-}{\cos}\, B,\ \overset{+}{\sin}\, C,\ \overset{-}{\cos}\, C\ ;$$

cela posé, la relation ne peut avoir que l'une des quatre formes suivantes :

$$\cos B = \cos b \sin C,$$

$$\cos B \sin b \cos C = \cos b \sin C,$$

$$\cos B \sin b = \cos b \sin C \sin B,$$

$$\cos B \cos C = \cos b \sin C \sin B\ ;$$

mais la deuxième et la troisième sont inadmissibles car elles conduisent à une impossibilité en faisant b très petit et B et C finis ; la quatrième donne b par une fonction symétrique de B et de C et ne peut pas non plus être exacte, il ne reste donc que la relation

$$\cos B = \cos b \sin C.$$

21. Il nous reste à considérer les formules qui contiennent deux côtés et un angle, formules qui sont au nombre de trois à savoir : celle qui contient l'hypoténuse, un côté de l'angle droit et l'angle opposé, celle qui contient l'hypoténuse, un côté de l'angle droit et l'angle adjacent, enfin celle qui contient les deux côtés de l'angle droit et l'angle adjacent à l'un de ces côtés. Nous aurons besoin d'un théorème relatif aux triangles infiniment petits que nous allons immédiatement établir dans toute sa généralité pour ne pas avoir à y revenir plus tard.

Soit ABC un triangle sphérique rectangle ou non, dont A, B, C sont les angles et a, b, c les côtés opposés. Menons les cordes BC, CA, AB des arcs correspondants aux côtés, nous formerons un triangle rectiligne que nous appellerons le triangle des cordes et dont nous désignerons les angles par A', B', C' et les côtés qui sont ici des longueurs, par α, β, γ; l'on aura d'abord

$$(b) \qquad \pm(A - A') < \frac{1}{2}(b+c), \qquad \pm(B - B') < \frac{1}{2}(c+a),$$

$$\pm(C - C') < \frac{1}{2}(a+b)$$

celà résulte de ce que dans un angle polyèdre une face est toujours plus petite que la somme de toutes les autres ; et en second lieu,

$$\alpha = 2R \sin\frac{1}{2}a, \quad \beta = 2R \sin\frac{1}{2}b, \quad \gamma = 2R \sin\frac{1}{2}c.$$

R étant le rayon de la sphère ; d'où l'on tire

$$(c) \qquad \frac{\alpha}{\beta} = \frac{\sin\frac{1}{2}a}{\sin\frac{1}{2}b}, \qquad \frac{\beta}{\gamma} = \frac{\sin\frac{1}{2}b}{\sin\frac{1}{2}c}, \qquad \frac{\gamma}{\alpha} = \frac{\sin\frac{1}{2}c}{\sin\frac{1}{2}a}.$$

Cela posé, écrivons sur une première ligne horizontale, les six quantités

$$A, B, C, \frac{a}{b}, \frac{b}{c}, \frac{c}{a}$$

et sur une seconde ligne horizontale les six quantités correspondantes

$$A', B', C', \frac{\alpha}{\beta}, \frac{\beta}{\gamma}, \frac{\gamma}{\alpha}$$

puis faisons tendre vers zéro deux des côtés du triangle sphérique, de sorte que le troisième côté qui est toujours plus petit que la somme des deux premiers et les trois demi-sommes

$$\frac{1}{2}(b+c), \qquad \frac{1}{2}(c+a), \qquad \frac{1}{2}(a+b)$$

tendent aussi vers zéro ; on verra d'abord d'après les relations (b) et (c) que si un terme quelconque de l'une des deux lignes horizontales tend vers une limite bien déterminée et finie, le terme correspondant de l'autre ligne horizontale tendra vers une limite égale à la première; mais, les six termes de la deuxième ligne horizontale sont liés par quatre relations ou identités, savoir

$$A'+B'+C'=180^\circ, \quad \frac{\alpha}{\beta}\cdot\frac{\beta}{\gamma}\cdot\frac{\gamma}{\alpha}=1, \quad \frac{\sin A'}{\sin B'}=\frac{\alpha}{\beta}, \quad \frac{\sin B'}{\sin C'}=\frac{\beta}{\gamma}.$$

qui permettent, deux de ces termes étant connus, d'avoir les quatre autres ; nous en conclurons que si deux des termes de la deuxième ligne et aussi par conséquent si deux termes de la première ligne tendent vers des limites déterminées et finies, il en sera de même de tous les termes de la deuxième ligne et aussi de tous les termes de la première ligne. Et les conditions que nous conviendrons de regarder comme nécessaires pour que les triangles tendent vers zéro suivant une loi bien déterminée, seront satisfaites.

22. Ces remarques très simples fournissent le moyen de trouver *a priori* ce à quoi se réduit une relation quelconque bien définie mais de forme inconnue

$$(1)\qquad \varphi(a, b, c, A, B, C) = 0,$$

entre certains éléments d'un triangle sphérique dont les côtés sont infiniment petits, et qui tend vers zéro suivant une loi bien déterminée, c'est-à-dire pour lequel deux des quantités

$$A, B, C, \frac{a}{b}, \frac{b}{c}, \frac{c}{a},$$

tendent vers des limites finies et déterminées. En effet soit

$$(2)\qquad \psi(\alpha, \beta, \gamma, A', B', C') = 0$$

la relation correspondante à (1) pour le triangle rectiligne que nous avons appelé le triangle des cordes. Cette relation sera d'abord homogène par rapport à α, β, γ qui représentent des longueurs et pourra par conséquent être mise sous la forme

$$(3)\qquad \chi\left(\frac{\alpha}{\beta}, \frac{\beta}{\gamma}, \frac{\gamma}{\alpha}, A', B', C'\right) = 0,$$

mais sous les hypothèses qui ont été faites, on a quand on passe à la limite :

$$\lim \frac{\alpha}{\beta} = \lim \frac{a}{b}, \quad \lim \frac{\beta}{\gamma} = \lim \frac{b}{c}, \quad \lim \frac{\gamma}{\alpha} = \lim \frac{c}{a},$$

$$\lim A' = \lim A, \quad \lim B' = \lim B, \quad \lim C' = \lim C;$$

donc la relation (3) et aussi la relation (1) deviennent

$$\chi\left(\lim \frac{a}{b}, \lim \frac{b}{c}, \lim \frac{c}{a}, \lim A, \lim B, \lim C\right) = 0;$$

où il ne faut pas perdre de vue que, $\lim \frac{a}{b} \cdot \lim \frac{b}{c} \cdot \lim \frac{c}{a} = 1$, et $\lim A + \lim B + \lim C = 180°$.

Telle est la relation limite cherchée. Elle exprime, comme on voit le théorème suivant :

23. *Théorème.* — Pour avoir la limite vers laquelle tend une relation

$$(1) \qquad \varphi(a, b, c, A, B, C) = 0,$$

entre certains éléments d'un triangle sphérique dont les côtés sont infiniment petits et qui tend vers zéro, suivant une loi déterminée ; il suffit de prendre la relation

$$(2) \qquad \psi(\alpha, \beta, \gamma, A', B', C') = 0,$$

correspondante à (1) pour le triangle des cordes, laquelle se ramènera toujours à la forme

$$(3) \qquad \chi\left(\frac{\alpha}{\beta}, \frac{\beta}{\gamma}, \frac{\gamma}{\alpha}, A', B', C'\right) = 0$$

et d'y remplacer

$$\frac{\alpha}{\beta}, \ \frac{\beta}{\gamma}, \ \frac{\gamma}{\alpha} \qquad \text{par} \qquad \lim \frac{a}{b}, \ \lim \frac{b}{c}, \ \lim \frac{c}{a}$$

et

$$A', B', C' \qquad \text{par} \qquad \lim A, \lim B, \lim C$$

24. Appliquons ces considérations générales aux trois relations qui existent entre B, a, b, entre B, a, c et entre B, b, c dans un triangle sphérique rectangle en A, lesquelles ne sont qu'un cas particulier de celles qui existent entre A, B, a, b, entre A, B, a, c et entre A, B, b, c dans un triangle sphérique quelconque.

Les côtés du triangle étant infiniment petits, supposons que A soit toujours égal à 90°, et que B conserve aussi la même valeur, le triangle tendra vers zéro suivant une loi bien déterminée; donc nous aurons ce que deviennent à la limite les relations considérées, en prenant les relations analogues, relatives au triangle des cordes, qui ici, consistent respectivement en

$$\beta \sin A' = \alpha \sin B', \quad \alpha \sin \overline{A'+B'} = \gamma \sin A', \quad \gamma \sin B' = \beta \sin \overline{A'+B'}$$

ou

$$\sin B' = \frac{\beta}{\alpha} \sin A', \qquad \sin (A' + B') = \frac{\gamma}{\alpha} \sin A'$$

$$\sin B' = \frac{\beta}{\gamma} \sin (A' + B')$$

et y remplaçant $\frac{\beta}{\alpha}$ par $\lim \frac{b}{a}$, $\frac{\gamma}{\alpha}$ par $\lim \frac{c}{\alpha}$, $\frac{\beta}{\gamma}$ par $\lim \frac{b}{c}$, A' par 90° et B' par B, ce qui donnera

$$\sin B = \lim \frac{b}{a}, \qquad \cos B = \lim \frac{c}{a}, \qquad \sin B = \lim \frac{b}{c} \cos B$$

25. Montrons maintenant comment on passe des formules limites que nous venons d'obtenir aux formules générales correspondantes.

Considérons la première relation limite,

$$\sin B = \lim \frac{b}{a}.$$

La relation générale correspondante devra être de la forme $K \sin B = H$, où K et H sont des fonctions de $\sin a$, $\cos a$, $\sin b$, $\cos b$. En effet, B restant invariable quand on passe à la limite, le terme en sin B et le terme indépendant de sin B et de cos B doivent se trouver dans la relation générale, sans quoi ils ne pourraient pas être dans la relation limite; au contraire, la présence de cos B est impossible puisque nos relations ne peuvent avoir que deux termes. Cela posé, il suffira d'exiger que $\lim \frac{H}{K} = \lim \frac{b}{a}$. Or, pour qu'il en soit ainsi, il faut évidemment que H contienne sin b et par suite ne contienne pas cos b, puis, que K contienne sin a et par suite ne contienne pas cos a, ce qui donne deux résultats possibles : soit

$$\sin a \sin B = \sin b,$$

soit

$$\sin a \cos b \sin B = \sin b \cos a ;$$

dont le premier est seul acceptable, car le second exprime une impossibilité lorsque $a = 90°$ et $b \lesseqgtr 90°$.

On verrait tout aussi simplement que la relation générale correspondante à la condition limite : $\cos B = \lim \frac{c}{a}$ est

$$\sin a \cos c \cos B = \sin c \cos a$$

et que la relation générale correspondante à la condition limite $\sin B = \lim \frac{b}{c} \cos B$, est

$$\sin c \cos b \sin B = \sin b \cos B.$$

26. Nous terminerons ce qui se rapporte aux triangles sphériques rectangles, en démontrant deux formules qui, sans avoir l'importance des formules (a), recevront cependant de nombreuses applications. Ces formules sont à deux termes comme les formules (a), mais contiennent 4 éléments au lieu de 3.

La première fait connaître le produit du sinus de l'hypoténuse par le cosinus de l'un des angles adjacents, la seconde le produit du sinus de l'un des angles de valeur indéterminée par le cosinus de l'hypoténuse. Voici comment ont les établit :

Considérons l'expression $\sin a \cos B$.

On sait que

$$\cos B = \cos b \sin C$$

donc

$$\sin a \cos B = \sin a \sin C \cos b = \sin c \cos b$$

Considérons, en second lieu.

$$\sin B \cos a.$$

On sait que

$$\cos a = \cos b \cos c$$

donc,

$$\sin B \cos a = \sin B \cos b \cos c = \cos b \cos C.$$

II. — FORMULES RELATIVES AUX TRIANGLES SPHÉRIQUES QUELCONQUES.

27. Parmi les relations qui existent entre les six éléments, côtés et angles d'un triangle sphérique quelconque, les plus simples et en même temps les plus utiles sont celles qui contiennent quatre éléments.

Il y a autant de ces formules que l'on peut faire de choix de quatre objets sur six, c'est-à-dire $\frac{6.5.4.3}{1.2.3.4} = 15$, mais elles se résument en quatre types : le type des formules qui contiennent les trois côtés et un angle dont le nombre est celui des angles ou 3. Le type des formules qui contiennent deux des trois couples d'éléments opposés, ou ce qui revient au même, deux éléments consécutifs et leurs opposés respectifs, dont le nombre est aussi de 3. Le type des formules qui contiennent deux éléments opposés et l'un quelconque des couples d'éléments intermédiaires, ou ce qui revient au même, quatre éléments consécutifs quelconques, dont le nombre est de 6. Enfin le type des formules qui contiennent les trois angles et un côté dont le nombre est de 3, ce qui fait bien 15 en tout.

Si maintenant on observe que toutes les formules d'un même type se déduisent de l'une d'entr'elles par un simple échange de lettres, on voit qu'il suffira d'établir une formule pour chaque type. Or, c'est ce à quoi on parvient d'une manière uniforme et simple, en décomposant en deux triangles rectangles ACH, BCH (*fig.* 6), le triangle quelconque considéré

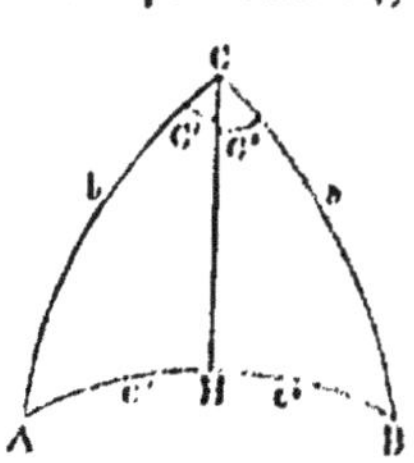

Fig. 6.

ABC par une de ses hauteurs CH, et combinant convenablement les relations connues relatives à certains éléments de ces deux triangles rectangles.

28. *Premier type des formules à quatre éléments. — Démonstration de la relation qui existe entre a, b, c et A.*

Posons (*fig.*6) $CH = h$, $ACH = C'$, $BCH = C''$, $AH = c'$, $BH = c''$.

Les deux triangles rectangles CAH, CBH donnent les trois relations

$$\cos b = \cos h \cos c', \qquad \cos a = \cos h \cos c'',$$

$$\cos A = \frac{\text{tang } c'}{\text{tang } b},$$

d'où l'on tire :

$$\frac{\cos c''}{\cos a} = \frac{\cos c'}{\cos b} = \frac{\sin c'}{\sin b \cos A};$$

mais on a

$$c = c' + c'',$$

d'où

$$c'' = c - c',$$

donc

$$\cos c'' = \cos c \cos c' + \sin c \sin c'$$

et en remplaçant $\cos c''$, $\cos c'$, $\sin c'$ par les quantités, $\cos a$, $\cos b$, $\sin b \cos A$, qui leur sont respectivement proportionnelles,

on trouve :

$$\cos a = \cos b \cos c + \sin b \sin c \cos A.$$

29. Telle est la formule cherchée; les deux autres du même type s'en déduisent en faisant des permutations tournantes simultanées sur a, b, c et sur A, B, C et l'on a

$$1^{er}\ \text{type}\ \begin{cases} \cos a = \cos b \cos c + \sin b \sin c \cos A, \\ \cos b = \cos c \cos a + \sin c \sin a \cos B, \\ \cos c = \cos a \cos b + \sin a \sin b \cos C. \end{cases}$$

30. Ces résultats s'énoncent, en langage ordinaire, de la manière suivante : les formules du premier type, c'est-à-dire celles qui contiennent les trois côtés et un angle s'obtiennent en écrivant que le cosinus du côté opposé à l'angle est égal au développement du cosinus de la différence des deux autres côtés dont on a multiplié le second terme par le cosinus de l'angle.

31. Indiquons encore comment on retrouve les formules au moyen de quelques données sur leur composition.

Nous supposerons que l'on ait retenu relativement à ces formules, les circonstances suivantes : elles sont à trois termes (monomes), sans coefficients numériques. Chaque terme est composé de 1, 2 ou 3 facteurs sans exposants et choisis parmi les sinus et les cosinus des quatre éléments qui doivent figurer dans la formule, enfin le sinus et le cosinus d'un même élément n'entrent jamais à la fois dans un même terme. Ceci posé, et nous bornant à considérer la relation entre a, b, c et A, je dis d'abord qu'elle ne contient pas sin A; en effet, s'il en était autrement, les termes où ce sinus entrerait en facteur, disparaîtraient pour $A = 180°$ et la relation deviendrait une relation à deux termes au plus, composés de facteurs fonctions de a, b, c qui d'ailleurs devrait équivaloir à $a = b + c$, comme on le voit *à priori*. Égalant alors à zéro l'un des facteurs qui resteront dans cette relation à un où deux termes, ce qui déterminera l'un des éléments a, b ou c; on obtiendra une identité ou une relation à un terme faisant connaître un second élément, tandis que la même hypothèse, introduite dans la relation équivalente $a = b + c$ ne déterminera que la somme ou la différence de deux des éléments a, b, c, d'où résulte une incompatibilité qui prouve l'absurdité de l'hypothèse relative à A.

Sin A n'entrant pas dans la relation cherchée, cos A doit y figurer et si on fait $A = 90°$, cette relation se réduira à celle $\cos a = \cos b \cos c$ qui lie l'hypoténuse a aux deux côtés b et c de l'angle droit dans un triangle rectangle. De ces deux remarques, il résulte que la relation générale est de la forme

$$m \cos a + n \cos b \cos c + p \cos A = 0$$

m, n et p étant indépendants de A et ayant par conséquent toujours les mêmes valeurs quelle que soit la valeur de A; mais pour $A = 180°$, on a $a = b + c$, d'où,

$$\cos a - \cos b \cos c + \sin b \sin c = 0\ ;$$

donc, $m = 1$, $n = -1$, $p = \sin b \sin c$ et la formule générale devient

$$\cos a = \cos b \cos c + \sin b \sin c \cos A. \qquad \text{C. Q. F. T.}$$

32. *Deuxième type des formules à quatre éléments. — Démonstration de la relation entre a, B, A, b.*

Conservant la figure et les notations qui ont déjà servi pour le type premier, les triangles rectangles CAH, CBH, donnent :

$$\sin h = \sin b \sin A \qquad \sin h = \sin a \sin B,$$

d'où

$$\sin b \sin A = \sin a \sin B, \qquad \text{ou} \qquad \frac{\sin A}{\sin a} = \frac{\sin B}{\sin b}.$$

33. Telle est la formule cherchée. Les deux autres appartenant au même type s'en déduisent, en faisant simultanément des permutations tournantes sur a, b, c et sur A, B, C et l'on a

$$2^e \text{ type} \left\{ \begin{array}{l} \sin a \sin B = \sin b \sin A \\ \sin b \sin C = \sin c \sin C \\ \sin c \sin A = \sin C \sin a \end{array} \right.$$

ou

$$2^e \text{ type} \qquad \frac{\sin a}{\sin A} = \frac{\sin b}{\sin B} = \frac{\sin c}{\sin C}$$

34. Ces résultats s'énoncent en langage ordinaire de la manière suivante : Les formules du second type, c'est-à-dire celles qui contiennent deux éléments consécutifs et leurs opposés respectifs, ou bien encore deux des trois couples d'éléments opposés, s'obtiennent en écrivant que le produit des sinus de deux éléments consécutifs est égal au produit des sinus des éléments respectivement opposés, ou bien encore que les sinus des côtés sont proportionnels aux sinus des angles opposés.

35. Indiquons encore comment on retrouve les formules quand on n'a que quelques données sur leur composition. La simplicité de ces formules et leur extrême analogie avec celles entre les mêmes éléments, qui se rapportent aux triangles rectilignes, rendent à cet égard toute règle superflue. Il ne sera cependant pas inutile de remarquer que l'on peut atteindre immédiatement le but, lorsqu'on sait que les formules contiennent deux termes dont les facteurs sont deux sinus; il suffira, en effet, d'exiger leur vérification pour $A = 90°$.

36. *Troisième type des formules à quatre éléments. — Démonstration de la relation entre a, B, c, A.*

Les deux triangles rectangles CAH, CBH (*fig.* 6), donnent les trois relations

$$\text{tang}\, h = \text{tang}\, A \sin c', \qquad \text{tang}\, h = \text{tang}\, B \sin c'',$$

$$\text{tang}\, c'' = \text{tang}\, a \cos B,$$

d'où l'on tire :

$$\frac{\sin c'}{\sin B \sin a \cos A} = \frac{\sin c''}{\sin A \sin a \cos B} = \frac{\cos c''}{\sin A \cos a};$$

mais on a

$$c = c' + c'' \qquad \text{d'où} \qquad c' = c - c''$$

donc

$$\sin c' = \sin c \cos c'' - \sin c'' \cos c$$

et, en remplaçant, $\sin c'$, $\cos c''$, $\sin c''$, par les quantités

$$\sin B \sin a \cos A, \qquad \sin A \cos a, \qquad \sin A \cos a \cos B,$$

qui leur sont respectivement proportionnelles,

on trouve :

$$\sin a \sin B \cos A = \sin c \sin A \cos a - \cos c \sin A \cos a \cos B$$

ou

$$\cos a \sin c \sin A - \cos A \sin B \sin a = \sin a \sin A \cos c \cos B$$

37. Telle est la formule cherchée ; les autres du même type s'en déduisent aisément : d'abord, si on garde les éléments extrêmes a et A et qu'on substitue aux éléments moyens c, B, leur second système de valeurs b et C, on a pour le couple de formules correspondant aux mêmes éléments extrêmes, a et A

$$\cos a \sin c \sin A - \cos A \sin B \sin a = \sin a \sin A \cos c \cos B$$

$$\cos a \sin b \sin A - \cos A \sin C \sin a = \sin a \sin A \cos b \cos C$$

faisant ensuite dans ce couple des permutations tournantes simultanées sur a, b, c et A, B, C on trouve

$$\cos a \sin c \sin A - \cos A \sin B \sin a = \sin a \sin A \cos c \cos B$$

$$\cos a \sin b \sin A - \cos A \sin C \sin a = \sin a \sin A \cos b \cos C$$

$$\cos b \sin a \sin B - \cos B \sin C \sin b = \sin b \sin B \cos a \cos C$$

$$\cos b \sin c \sin C - \cos B \sin A \sin b = \sin b \sin B \cos c \cos A$$

$$\cos c \sin b \sin C - \cos C \sin A \sin c = \sin c \sin C \cos b \cos A$$

$$\cos c \sin a \sin A - \cos C \sin B \sin c = \sin c \sin C \cos a \cos B$$

38. Ces résultats s'énoncent, en langage ordinaire de la façon suivante : les formules du troisième type, c'est-à-dire celles qui contiennent quatre éléments consécutifs, s'obtiennent en écrivant que le produit du cosinus du premier élément et des sinus des deux derniers diminué du produit du cosinus du dernier élément et des sinus des deux premiers, est égal au produit des sinus des éléments extrêmes et des cosinus des éléments moyens. Ce produit étant précédé du signe + ou du signe —, suivant que le premier élément est un côté ou un angle.

39. Indiquons encore comment on retrouve ces formules sans passer par leur démonstration. Nous regarderons seulement comme acquis qu'elles sont à trois termes. Ceci posé, et nous bornant à considérer la relation qui concerne a, B, c, A, cherchons d'abord ce que celle-ci devient lorsque les deux côtés a et c sont supposés infiniment petits et que A et B restent invariables afin que le triangle tende vers zéro suivant une loi bien déterminée. Pour cela, il suffira d'appliquer le théorème qui a été démontré au n° **25** ; soit donc en même temps que le triangle sphérique donné, le triangle rectiligne que nous avons appelé le triangle des cordes dont A', B', C' sont les angles et α, β, γ les côtés ; écrivons la relation,

$$\alpha \sin (A' + B') - \gamma \sin A' = 0$$

ou

$$\sin A' \cos B' + \sin B' \cos A' = \frac{\gamma}{\alpha} \sin A'$$

qui lie les quatre éléments consécutifs α, B', γ, A' correspondants à a, B, c, A, dans le triangle des cordes. Si nous y faisons $\frac{\gamma}{\alpha} = \lim \frac{c}{a}$, $A' = A$, $B' = B$, nous aurons la relation limite cherchée qui dès lors sera :

$$\sin A \cos B + \sin B \cos A = \lim \frac{c}{a} \sin A$$

40. Voyons maintenant comment on passe de la formule limite que nous venons d'obtenir à la formule générale correspondante.

Les angles A et B conservant les mêmes valeurs quand a et c

tendent vers zéro, un terme quelconque de la relation cherchée, en tant que fonction d'angles ne peut changer de forme qu'en disparaissant, ce qui n'a jamais lieu puisque la relation contient toujours trois termes. J'en conclus que la relation générale correspondante à la relation limite,

$$\lim \frac{c}{a} \sin A = \sin A \cos B + \cos A \sin B$$

précédemment obtenue, est nécessairement de la forme

$$m \sin A = n \sin A \cos B + p \cos A \sin B$$

où m, n et p ne sont fonctions que des côtés a, c et par conséquent restent toujours les mêmes quelles que soient les valeurs des angles A et B. Or, si on fait $B = 90°$, la relation devient :

$$m \sin A = p \cos A$$

mais le triangle ABC étant alors rectangle en B, on a aussi $\sin c \cos a \sin A = \sin a \cos A$, donc :

$$\frac{m}{\sin c \cos a} = \frac{p}{\sin a}.$$

Si, en second lieu, on fait $A = 90°$, B étant redevenu quelconque, on aura $m = n \cos B$, et en même temps,

$$\sin c \cos a = \sin a \cos c \cos B,$$

donc,

$$\frac{\sin c \cos a}{m} = \frac{\sin a \cos c}{n};$$

ainsi :

$$\frac{m}{\sin c \cos a} = \frac{n}{\sin a \cos c} = \frac{p}{\sin a}.$$

Remplaçant dans la relation (1), m, n et p par $\sin c \cos a$, $\sin a \cos c$, $\sin a$, qui leur sont respectivement proportionnels, il vient finalement :

$$\cos a \sin c \sin A - \cos A \sin B \sin a = \sin a \sin A \cos B \cos c \quad \text{C.Q.F.D}$$

41. *Quatrième type des formules à quatre éléments. — Démonstration de la relation qui existe entre* A, B, C *et* a.

Les deux triangles rectangles CAH, CBH donnent sur-le-champ les trois relations

$$\cos A = \sin C' \cos h, \qquad \cos B = \sin C'' \cos h,$$

$$\operatorname{tang} B \operatorname{tang} C'' = \frac{1}{\cos a}$$

d'où l'on tire :

$$\frac{\sin C'}{\cos A} = \frac{\sin C''}{\cos B} = \frac{\cos C''}{\sin B \cos a}$$

mais on a

$$C = C' + C''$$

d'où

$$C' = C - C''$$

donc

$$\sin C' = \sin C \cos C'' - \cos C \sin C''.$$

Remplaçant maintenant $\sin C'$, $\cos C''$, $\sin C''$, par les quantités

$$\cos A, \qquad \sin B \cos a, \qquad \cos B,$$

qui leur sont respectivement proportionnelles, il vient :

$$\cos A = \sin A \sin B \cos a - \cos B \cos C$$

ou

$$\cos A = -\cos B \cos C + \sin B \cos C \sin a.$$

42. Telle est la formule cherchée ; les deux autres du même type s'en déduisent en faisant des permutations tournantes simultanées sur a, b, c et sur A, B, C et l'on trouve

$$4^e \text{ type} \left\{ \begin{array}{l} \cos A = -\cos B \cos C + \sin B \sin C \cos a, \\ \cos B = -\cos C \cos A + \sin C \sin A \cos b, \\ \cos C = -\cos A \cos B + \sin A \sin A \sin C, \end{array} \right.$$

43. Ces résultats s'énoncent en langage ordinaire de la manière suivante :

Les formules du quatrième type, c'est-à-dire celles qui contiennent les trois angles et un côté, s'obtiennent en écrivant que le cosinus de supplément de l'angle opposé au côté est égal au développement du cosinus de la somme des deux autres angles dont on a multiplié le second terme par le cosinus du côté.

44. Indiquons encore comment on retrouve les formules quand on a conservé relativement à leur composition le souvenir des propriétés suivantes : elles contiennent trois termes sans coefficients numériques. Chaque terme est composé de un, deux, ou trois facteurs sans exposants, et choisis parmi les sinus et les cosinus des 4 éléments qui doivent figurer dans la formule ; enfin le sinus et le cosinus d'un même élément n'entrent jamais à la fois comme facteurs dans un même terme. Ceci posé et nous bornant à considérer la relation qui se rapporte à A, B, C, a, je dis d'abord que celle-ci ne contient pas sin a. En effet, s'il en était autrement, les termes où ce sinus entrerait, disparaîtraient en posant $a = o$ et la relation deviendrait une relation à un ou deux termes fonctions de A, B, C et qui équivaudrait d'ailleurs à $B + C = 180° \pm A$, comme on le reconnaît *a priori*, en observant que la surface du triangle doit en même temps être nulle ou égale au fuseau A. Mais alors en égalant à o l'un des facteurs qui entrent dans la relation à un ou deux termes, obtenue, ce qui détermine la valeur de l'un des éléments A, B, C de l'élément C par exemple, cette relation devient une identité ou une relation à un terme faisant connaître un second élément A ou B, tandis que la relation équivalente $B + C = 180 \pm A$, donne quand C est connu, la somme $A \pm B$ et cette somme seulement; d'où il résulte une incompatibilité qui prouve l'absurdité de l'hypothèse.

Sin a n'entrant pas dans la relation générale considérée cos a doit nécessairement y figurer et si on fait $a = 90°$, la relation deviendra celle à deux termes

$$\cos A = - \cos B \cos C \text{ (*)},$$

qui lie les trois angles d'un triangle dont le côté a est égal à 90°. De ces deux remarques, on peut conclure que la relation générale cherchée est de la forme

$$m \cos A + n \cos B \cos C + p \cos a = o$$

m, n p étant indépendants de a et ayant par suite toujours les mêmes valeurs quelle que soit la valeur de a ; mais pour

(*) Cette relation n'est autre que celle qui lie les trois côtés du triangle polaire du triangle proposé, lequel triangle polaire est ici rectangle.

$a = 0$, on a

$$180 \pm A = B + C$$

d'où

$$\cos A = -\cos B \cos C + \sin B \sin C$$

donc

$$m = -1, \qquad n = -1, \qquad p = \sin B \sin C$$

et la formule devient

$$\cos A = -\cos B \cos C + \sin B \sin C \cos a \qquad \text{C.Q.F.T.}$$

45. *Remarque.* Quand on compare les formules du quatrième type à celles du premier, on reconnaît aisément que l'on passe des unes aux autres, en changeant les grandes lettres en petites et *vice versa,* en changeant les signes des cosinus et conservant les signes des sinus. Ce qui revient à dire que les formules de l'un des types sont celles de l'autre type appliquées au triangle polaire, de sorte que après avoir démontré les unes il devient superflu de démontrer les autres.

46. Indépendamment des formules à quatre éléments, dont nous nous sommes exclusivement occupés jusqu'ici, il en existe une infinité d'autres parmi lesquelles nous distinguerons quelques-unes de celles qui contiennent cinq éléments nécessairement consécutifs.

Ces nouvelles formules n'ont chacune que trois termes comme les formules à quatre éléments, et le premier de ces termes est pour toutes le produit du sinus du premier élément par le cosinus du second ; enfin elles rentrent dans deux types qui se distinguent en ce que, dans le premier, les éléments extrêmes sont des côtés et dans le second les éléments extrêmes sont des angles.

47. *Premier type des formules à cinq éléments consécutifs. — Démonstration de la relation entre a, B, c, A, b.*

Laissant de côté le premier élément, écrivons la relation connue qui existe entre les quatre éléments consécutifs restants; nous aurons

$$\cos B \sin A \sin b - \cos b \sin B \sin c = -\sin B \sin b \cos c \cos A$$

remplaçant sin A sin b par sin a sin B et divisant par sin B, il viendra

$$\sin a \cos B = \sin c \cos b - \sin b \cos c \cos A$$

48. Telle est la relation cherchée. Les autres du même type s'en déduisent aisément. D'abord, si conservant le premier élément a on substitue au second B sa seconde valeur C, ce qui donne b pour le troisième élément, A pour le quatrième, c pour le cinquième, on a pour le couple de formules correspondantes au même élément initial a :

$$\sin a \cos B = \sin c \cos b - \sin b \cos c \cos A,$$
$$\sin a \cos C = \sin b \cos c - \sin c \cos b \cos A,$$

faisant ensuite dans ce couple des permutations tournantes simultanées sur a, b, c, et sur A, B, C, on trouve :

$$\sin a \cos B = \sin c \cos b - \sin b \cos c \cos A,$$
$$\sin a \cos C = \sin b \cos c - \sin c \cos b \cos A,$$
$$\sin b \cos C = \sin a \cos c - \sin c \cos a \cos B,$$

$$\sin b \cos A = \sin c \cos a - \sin a \cos c \cos B,$$

$$\sin c \cos A = \sin b \cos a - \sin a \cos b \cos C,$$

$$\sin c \cos B = \sin a \cos b - \sin b \cos a \cos C.$$

49. Ces résultats s'énoncent en langage ordinaire, de la façon suivante : les relations à 5 éléments du premier type, c'est-à-dire celles qui contiennent 5 éléments consécutifs dont le premier est un côté, s'obtiennent en écrivant que le produit du sinus du premier élément par le cosinus du second est égal à ce que devient le développement du sinus de la différence du troisième et du cinquième élément lorsqu'on multiplie son deuxième terme par le cosinus du quatrième élément.

50. Il n'est pas possible de retrouver directement les formules précédentes, du moins sous les mêmes conditions que dans le cas des relations à 4 éléments ; en effet, les relations à 5 éléments n'ayant pas, comme celles à 4 éléments, une forme déterminée et étant en nombre illimité, il devient absolument nécessaire d'avoir sur leur composition des indications plus complètes et plus précises. Nous regarderons comme connu le premier membre qui sera toujours le produit du sinus du premier élément par le cosinus du second ; quant au second membre nous admettrons qu'il contient deux termes sans coefficients ni exposants, et que chacun de ces termes est composé de trois facteurs au plus, choisis parmi les sinus et les cosinus des trois derniers éléments, de telle sorte que le sinus et le cosinus d'un même élément n'entrent jamais à la fois dans un même terme. Ceci posé, et nous bornant à considérer la relation qui existe entre a, B, c, A, b, je dis d'abord que sin A n'entre pas dans le second membre. En effet, s'il en était autrement, les termes où ce sinus entrerait disparaîtraient en posant $A = 180°$ et comme B serait alors o, la relation se réduirait à $\sin a = 0$, ou à $\sin a =$ un monome, ce qui est impossible puisque d'autre part cette relation devrait équivaloir à $a = b + c$.

Sin A n'entrant pas dans la relation cherchée, cos A doit y figurer, et si on fait $A = 90°$, cette relation deviendra celle $\sin a \cos B = \sin c \cos b$ indiquée au numéro (26) qui a $\sin a \cos B$ pour premier membre et qui lie l'hypoténuse a et les trois éléments B, c, b dans un triangle rectangle; de ces deux remarques, il résulte que la relation générale est de la forme

$$\sin a \cos B = n \sin c \cos b + p \cos A,$$

n et p étant indépendants de A et ayant par conséquent toujours les mêmes valeurs quelle que soit la valeur de A; mais pour $A = 180°$ on a $B = 0$ et $a = b + c$ ou

$$\sin a = \sin c \cos b + \sin b \cos c,$$

donc, $n = 1, p = - \sin b \cos c$, et la formule générale devient

$$\sin a \cos B = \sin c \cos b - \sin b \cos c \cos A.$$

51. *Deuxième type des formules à 5 éléments consécutifs. — Démonstration de la relation entre* A, b, C, a, B

Laissant de côté le premier élément, écrivons la relation connue qui existe entre les quatre éléments consécutifs restants, nous aurons

$$\cos b \sin a \sin B - \cos B \sin b \sin C = \sin b \sin B \cos a \cos C;$$

remplaçant dans le premier terme du premier membre $\sin a \sin B$, par $\sin A \sin b$ et supprimant partout $\sin b$, il viendra

$$\sin A \cos b = \sin C \cos B + \sin B \cos C \cos a.$$

52. Telle est la relation cherchée ; les autres du même type s'en déduisent aisément. D'abord, si tout en conservant le premier élément A, on suppose que le second prenne sa seconde valeur c, en sorte que le troisième devienne B, le quatrième reste égal à a, le cinquième devienne C, on a pour le couple de formules correspondantes au même élément initial A,

$$\sin A \cos b = \sin C \cos B + \sin B \cos C \cos a,$$
$$\sin A \cos c = \sin B \cos C + \sin C \cos B \cos a.$$

Faisant ensuite dans ce couple, des permutations tournantes simultanées sur a, b, c et sur A, B, C, on trouve

$$\sin A \cos b = \sin C \cos B + \sin B \cos C \cos a,$$
$$\sin A \cos c = \sin B \cos C + \sin C \cos B \cos a,$$
$$\sin B \cos c = \sin A \cos C + \sin C \cos A \cos b,$$
$$\sin B \cos a = \sin C \cos A + \sin A \cos C \cos b,$$
$$\sin C \cos a = \sin B \cos A + \sin A \cos B \cos c,$$
$$\sin C \cos b = \sin A \cos B + \sin B \cos A \cos c.$$

53. Ces formules s'énoncent en langage ordinaire de la manière suivante. Les relations à cinq éléments du deuxième type, c'est-à-dire celles dans lesquelles l'élément initial est un angle, s'expriment en écrivant que le produit du sinus du premier élément par le cosinus du second est égal à ce que devient le développement du sinus de la somme du troisième et du cinquième élément lorsqu'on multiplie son deuxième terme par le cosinus du quatrième élément.

54. Pour retrouver les formules sans passer par leur démonstration, nous regarderons comme connu le premier membre qui sera toujours le produit du sinus du premier élément par le cosinus du deuxième ; quant au second membre, nous admettrons qu'il contient deux termes sans coefficients, ni exposants, et que chacun de ces termes est composé de trois facteurs au plus, choisis parmi les sinus et les cosinus des trois derniers éléments, de telle sorte que le sinus et le cosinus d'un même élément n'entrent jamais à la fois dans un même terme. Ceci posé et nous bornant à considérer la relation qui existe entre A, b, C, a, B, je dis d'abord que sin a n'entre pas dans le second membre. En effet, s'il en était autrement, les termes où ce sinus entrerait, disparaîtraient pour $a = 0$ et comme alors b serait nul ou égal à 180°, la relation se réduirait à sin A = o ou à sin A = un monome ; ce qui est impossible, puisque d'autre part le triangle devenant nul ou égal au fuseau dont l'angle est A, aurait o ou 2A, pour excès sphérique, ce qui entraînerait

$$A = \pm (B + C - 180^\circ).$$

Sin a n'entrant pas dans la relation cherchée, cos a doit y figurer et si on fait $a = 90°$, cette relation se réduira à celle $\sin A \cos b = \sin C \cos B$ que l'on obtient en appliquant la première formule du n° (26), au triangle polaire, qui ici devient rectangle. De ces deux remarques, il résulte que la relation générale est de la forme

$$\sin A \cos b = n \sin C \cos B + p \cos a ;$$

n et p étant indépendants de a et par conséquent toujours les mêmes quelle que soit la valeur de a; mais pour $a = 0$, avec $b = 180^\circ$, on a

$$A = B + C - 180^\circ,$$

ou
$$-\sin A = \sin C \cos B + \sin B \cos C\ ;$$

donc
$$n = 1, \qquad p = \sin B \cos C,$$

et la formule générale devient

$$\sin A \cos b = \sin C \cos B + \sin B \cos C \cos a.$$

55. Les formules à 5 éléments que nous venons de faire connaître ont été signalées pour la première fois par Gauss. Quoique superflues au point de vue théorique, elles ont une véritable utilité dans les applications. En effet, leur emploi simultané avec les relations à 4 éléments, fournit de précieuses vérifications et fait disparaître certaines ambiguités dont les résultats sont souvent entachés.

Associons à la relation à 5 éléments du premier type qui se rapporte à a, B, c, A, b, la relation à 4 éléments du premier type qui se rapporte à a, b, c, A et la relation à 4 éléments du deuxième type qui se rapporte à a, B, A, b ; nous aurons les trois formules

Premier groupe de Gauss
$$\left\{\begin{array}{l}\cos a = \cos b \cos c + \sin b \sin c \cos A\\ \sin a \sin B = \sin b \sin A\\ \sin a \cos B = \sin c \cos b - \sin b \cos c \cos A\end{array}\right.$$

formant ce qu'on appelle le premier groupe de Gauss, et qui sont constamment employées en astronomie, pour la solution du problème particulièrement important où connaissant deux côtés b et c et l'angle compris A dans un triangle sphérique, on se propose de trouver le troisième côté a et l'un des angles adjacents B. Voici d'ailleurs comment on opère. Le côte a est d'abord déterminé et cela sans ambiguïté par la première formule qui en fait connaître le cosinus; a étant obtenu, on a l'angle B par la deuxième formule, mais cet angle n'est ainsi défini que par son sinus et par conséquent admet deux valeurs dont une seule doit être acceptée; pour fixer enfin le choix de la bonne valeur, on exigera que la troisième relation soit satisfaite, ce qui suffira, à cause de la présence dans celle-ci, de cos B. Ajoutons que l'on peut encore résoudre le problème en n'employant que la première et la troisième formule. Pour cela on posera

$$\cos b = m \cos \varphi, \qquad \sin b \cos A = m \sin \varphi;$$

m ayant un signe déterminé et φ étant compris entre o et 360°; les deux formules considérées qui deviendront

$$\cos a = m \cos (c - \varphi), \qquad \sin a \cos B = m \sin (c - \varphi)$$

seront simultanément rendues calculables par logarithmes et donneront immédiatement cos a, par suite a, puis cos B, par suite B.

56. Au premier groupe de Gauss que nous venons d'indiquer en correspond un autre qui s'obtient en intervertissant le rôle des angles et des côtés.

Associons à la relation à 5 éléments du deuxième type, qui se rapporte à A, b, C, a, B, la relation à 4 éléments du quatrième type qui se rapporte à A, B, C, a et la relation à 4 éléments du deuxième type qui se rapporte à A, b, a, B; nous aurons les trois formules :

Deuxième groupe de Gauss
$$\begin{cases} \cos A = -\cos B \cos C + \sin B \sin C \cos a \\ \sin A \sin b = \sin B \sin a \\ \sin A \cos b = \sin C \cos B + \sin B \cos C \cos a \end{cases}$$

formant ce qu'on appelle le deuxième groupe de Gauss et servant à résoudre le problème important où connaissant deux angles B, C et le côté adjacent a dans un triangle sphérique, on cherche le troisième angle A et l'un des côtés adjacents b. En effet, la première formule donne d'abord l'angle A et cela sans ambiguité puisqu'elle en fait connaître le cosinus; A étant obtenu, la seconde formule donne b, mais ce côté n'étant défini que par son sinus aura deux valeurs dont une seule devra être acceptée; pour connaître enfin celle-ci, il suffira d'exiger qu'elle vérifie la troisième formule, laquelle contient cos b. Ajoutons que si l'on veut se borner à tenir compte de la première et de la troisième équation il suffira de poser

$$\cos B = m \cos \varphi, \qquad \sin B \cos a = m \sin \varphi,$$

m ayant un signe déterminé et φ étant compris entre o et 360°; les formules subiront simultanément la préparation logarithmique, et l'on sera ainsi conduit aux résultats suivants

$$\cos A = -m \cos(C + \varphi), \qquad \sin A \cos b = m \sin(C + \varphi)$$

qui donnent immédiatement cos A, par suite A, puis cos b, par suite b.

ANALOGIES DE NEPER — FORMULES DE DELAMBRE

57. Les formules dont nous allons nous occuper sont à deux termes, et par suite immédiatement calculables par logarithmes au moyen des tables ordinaires, mais au lieu de consister en des relations entre certaines fonctions trigonométriques des éléments A, B, C, a, b, c des triangles, elles contiennent des fonctions trigonométriques de trois fonctions d'angles ayant respectivement pour types

$$\frac{A+B}{2}, \qquad \frac{A-B}{2}, \qquad \frac{C}{2},$$

et des fonctions trigonométriques de trois fonctions de côtés ayant respectivement pour types

$$\frac{a+b}{2}, \qquad \frac{a-b}{2}, \qquad \frac{c}{2}.$$

Établissons ces formules qui ont une grande importance.

58. Formules de Delambre. — La première des relations à quatre éléments du premier type (n° 28), nous donne

$$\cos A = \frac{\cos a - \cos b \cos c}{\sin b \sin c}$$

et on en déduit, 1° :

$$2 \sin^2 \frac{A}{2} = 1 - \cos A = \frac{\sin b \sin c - \cos a + \cos b \cos c}{\sin b \sin c}$$

$$= \frac{\cos(b-c) - \cos a}{\sin b \sin c},$$

ou

$$\sin^2 \frac{A}{2} = \frac{\sin \frac{(a + c - b)}{2} \sin \frac{(a + b - c)}{2}}{\sin b \sin c};$$

ce qui, en posant

$$a + b + c = 2p,$$

et par suite

$$a + c - b = 2(p - b),$$

$$a + b + c = 2(p - c),$$

revient à

$$\sin^2 \frac{A}{2} = \frac{\sin (p - b) \sin (p - c)}{\sin b \sin c};$$

ou à

$$\sin \frac{A}{2} = \sqrt{\frac{\sin (p - b) \sin (p - c)}{\sin b \sin c}}.$$

Puis, 2° :

$$2 \cos^2 \frac{A}{2} = 1 + \cos A = \frac{\sin b \sin c + \cos a - \cos b \cos c}{\sin b \sin c};$$

$$= \frac{\cos a - \cos (b + c)}{\sin b \sin c}$$

ou

$$\cos^2 \frac{A}{2} = \frac{\sin \frac{(a + b + c)}{2} \sin \frac{(b + c - a)}{2}}{\sin b \sin c},$$

par conséquent

$$\cos \frac{A}{2} = \sqrt{\frac{\sin p \sin (p - a)}{\sin b \sin c}}.$$

59. Des calculs analogues effectués en prenant comme point de départ la deuxième et la troisième des relations à quatre éléments du premier type (n° 29), ou, plus simplement, des permutations de lettres opérées dans les formules que nous venons d'établir, donnent

$$\sin\frac{B}{2},\ \cos\frac{B}{2},\ \sin\frac{C}{2},\ \cos\frac{C}{2},$$

et l'on a

$$\sin\frac{A}{2}=\sqrt{\frac{\sin(p-b)\sin(p-c)}{\sin b\sin c}},\quad \cos\frac{A}{2}=\sqrt{\frac{\sin p\sin(p-a)}{\sin b\sin c}};$$

$$\sin\frac{B}{2}=\sqrt{\frac{\sin(p-c)\sin(p-a)}{\sin c\sin a}},\quad \cos\frac{B}{2}=\sqrt{\frac{\sin p\sin(p-b)}{\sin c\sin a}};$$

$$\sin\frac{C}{2}=\sqrt{\frac{\sin(p-a)\sin(p-b)}{\sin a\sin b}},\quad \cos\frac{C}{2}=\sqrt{\frac{\sin p\sin(p-c)}{\sin a\sin b}}.$$

60. Ces résultats étant obtenus, on en déduit aisément les valeurs de $\sin\frac{A+B}{2}$, $\sin\frac{A-B}{2}$; $\cos\frac{A+B}{2}$, $\cos\frac{A-B}{2}$; au moyen des formules fondamentales

$$\sin\frac{A+B}{2}=\sin\frac{A}{2}\cos\frac{B}{2}+\sin\frac{B}{2}\cos\frac{A}{2},$$

$$\sin\frac{A-B}{2}=\sin\frac{A}{2}\cos\frac{B}{2}-\sin\frac{B}{2}\cos\frac{A}{2};$$

$$\cos\frac{A+B}{2}=\cos\frac{A}{2}\cos\frac{B}{2}-\sin\frac{A}{2}\sin\frac{B}{2},$$

$$\cos\frac{A-B}{2}=\cos\frac{A}{2}\cos\frac{B}{2}+\sin\frac{A}{2}\sin\frac{B}{2};$$

En effet, on a d'abord

$$\sin\frac{A}{2}\cos\frac{B}{2}=\frac{\sin(p-b)}{\sin c}\sqrt{\frac{\sin p\sin(p-c)}{\sin a\sin b}}=\frac{\sin(p-b)}{\sin c}\cos\frac{C}{2},$$

$$\sin\frac{B}{2}\cos\frac{A}{2}=\frac{\sin(p-a)}{\sin c}\sqrt{\frac{\sin p\sin(p-c)}{\sin a\sin b}}=\frac{\sin(p-a)}{\sin c}\cos\frac{C}{2};$$

$$\cos\frac{A}{2}\cos\frac{B}{2}=\frac{\sin p}{\sin c}\sqrt{\frac{\sin(p-a)\sin p-b)}{\sin a\sin b}}=\frac{\sin p}{\sin c}\sin\frac{C}{2},$$

$$\sin\frac{A}{2}\sin\frac{B}{2}=\frac{\sin(p-c)}{\sin c}\sqrt{\frac{\sin(p-a)\sin(p-b)}{\sin a\sin b}}=\frac{\sin(p-c)}{\sin c}\sin\frac{C}{2};$$

donc, 1° :

$$\sin\frac{A+B}{2}=\cos\frac{C}{2}\cdot\frac{\sin(p-a)+\sin(p-b)}{\sin c}$$

$$=\cos\frac{C}{2}\cdot\frac{2\sin\frac{(2p-a-b)}{2}\cos\frac{(a-b)}{2}}{\sin c}$$

$$=\cos\frac{C}{2}\cdot\frac{2\sin\frac{c}{2}\cos\frac{(a-b)}{2}}{\sin c};$$

d'où

$$(1)\qquad \sin\frac{A+B}{2}\cos\frac{c}{2}=\cos\frac{C}{2}\cos\frac{(a-b)}{2};$$

2° :

$$\sin\frac{A-B}{2}=\cos\frac{C}{2}\cdot\frac{\sin(p-b)-\sin(p-a)}{\sin c}$$

$$=\cos\frac{C}{2}\cdot\frac{2\sin\frac{(a-b)}{2}\cos\frac{(2p-a-b)}{2}}{\sin c}$$

$$=\cos\frac{C}{2}\cdot\frac{2\sin\frac{(a-b)}{2}\cos\frac{c}{2}}{\sin c},$$

d'où

$$(2) \qquad \sin\frac{A-B}{2}\sin\frac{c}{2}=\cos\frac{C}{2}\sin\frac{(a-b)}{2};$$

3° :

$$\cos\frac{A+B}{2}=\sin\frac{C}{2}\cdot\frac{\sin p-\sin(p-c)}{\sin c}$$

$$=\sin\frac{C}{2}\frac{2\sin\frac{c}{2}\cos\left(\frac{2p-c}{2}\right)}{\sin c}$$

$$=\sin\frac{C}{2}\cdot\frac{2\sin\frac{c}{2}\cos\frac{a+b}{2}}{\sin c},$$

d'où

$$(3) \qquad \cos\frac{A+B}{2}\cos\frac{c}{2}=\sin\frac{C}{2}\cos\frac{a+b}{2},$$

enfin, 4° :

$$\cos\frac{A-B}{2}=\sin\frac{C}{2}\cdot\frac{\sin p+\sin(p-c)}{\sin c}$$

$$=\sin\frac{C}{2}\cdot\frac{2\sin\frac{2p-c}{2}\cos\frac{c}{2}}{\sin c}$$

$$=\sin\frac{C}{2}\cdot\frac{2\sin\frac{a+b}{2}\cos\frac{c}{2}}{\sin c},$$

d'où

$$(4) \qquad \cos\frac{A-B}{2}\sin\frac{c}{2}=\sin\frac{C}{2}\sin\frac{a+b}{2}.$$

61. Les quatre formules (1), (2), (3), (4), qui se réduisent à trois parce que en les ajoutant membre à membre après avoir élevé chacune d'elles au carré on trouve l'identité $1 = 1$, constituent ce qu'on appelle les formules de Delambre pour les trois fonctions d'angles $\frac{A+B}{2}$, $\frac{A-B}{2}$, $\frac{C}{2}$ et les trois fonctions de côtés $\frac{a+b}{2}$, $\frac{a-b}{2}$, $\frac{c}{2}$. En y faisant des permutations tournantes simultanées sur A, B, C et a, b, c, on obtient toutes les formules analogues au nombre de douze et l'on a.

$$\sin\frac{A+B}{2}\cos\frac{c}{2} = \cos\frac{C}{2}\cos\frac{(a-b)}{2}$$

$$\sin\frac{A-B}{2}\sin\frac{c}{2} = \cos\frac{C}{2}\sin\frac{(a-b)}{2}$$

$$\cos\frac{A+B}{2}\cos\frac{c}{2} = \sin\frac{C}{2}\cos\frac{(a+b)}{2}$$

$$\cos\frac{A-B}{2}\sin\frac{c}{2} = \sin\frac{C}{2}\sin\frac{(a+b)}{2}$$

$$\sin\frac{B+C}{2}\cos\frac{a}{2} = \cos\frac{A}{2}\cos\frac{(b-c)}{2}$$

$$\sin\frac{B-C}{2}\sin\frac{a}{2} = \cos\frac{A}{2}\sin\frac{(b-c)}{2}$$

$$\cos\frac{B+C}{2}\cos\frac{a}{2} = \sin\frac{A}{2}\cos\frac{(b+c)}{2}.$$

$$\cos\frac{B-C}{2}\sin\frac{a}{2} = \sin\frac{A}{2}\sin\frac{(b+c)}{2}$$

$$\sin\frac{C+A}{2}\cos\frac{b}{2} = \cos\frac{B}{2}\cos\frac{(c-a)}{2}$$

$$\sin\frac{C-A}{2}\sin\frac{b}{2} = \cos\frac{B}{2}\sin\frac{(c-a)}{2}$$

$$\cos\frac{C+A}{2}\cos\frac{b}{2}=\sin\frac{B}{2}\cos\frac{(c-a)}{2}$$

$$\cos\frac{C-A}{2}\sin\frac{b}{2}=\sin\frac{B}{2}\sin\frac{(c-a)}{2}.$$

62. Toutes ces formules sont des relations à deux termes comme celles qui concernent les triangles rectangles ; ajoutons que les monomes qui forment le premier et le second membre de chacune d'elles sont des produits de deux facteurs, l'un fonction des côtés, l'autre fonction des angles, et tous choisis parmi les douze fonctions trigonométriques sinus ou cosinus de $\frac{a \pm b}{2}$, de $\frac{c}{2}$, de $\frac{A \pm B}{2}$ et de $\frac{C}{2}$, quand, du moins, on se borne à considérer les relations (1), (2), (3), (4).

63. Le souvenir seul des propriétés que nous venons d'énoncer permet de retrouver complètement les formules (1), (2), (3), (4). Supposons en effet (*fig.* 7) que le triangle considéré devienne isocèle, et faisons $a=b$ par suite $A=B$. Menons l'arc de grand cercle CD perpendiculaire à AB, nous aurons

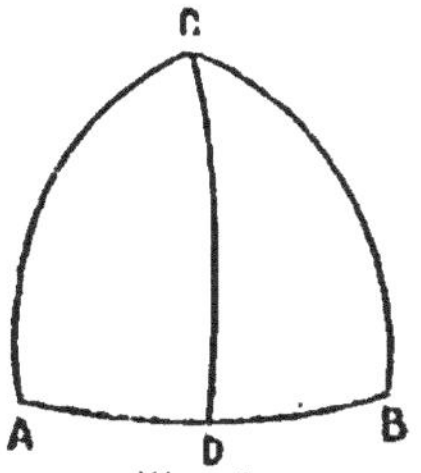

Fig. 7.

$$AC=\frac{a+b}{2} \qquad AD=\frac{c}{2},$$

$$CAD=\frac{A+B}{2} \qquad ACD=\frac{C}{2};$$

mais le triangle ADC rectangle en D, donne

$$\cos ACD=\sin CAD\cos AD,$$

$$\cos CAD=\sin ACD\cos CD=\sin ACD\frac{\cos AC}{\cos AD},$$

$$\sin AD=\sin ACD\sin AC;$$

donc il viendra

$$\cos\frac{C}{2} = \sin\frac{A+B}{2}\cos\frac{c}{2}, \quad \cos\frac{A+B}{2}\cos\frac{c}{2} = \sin\frac{C}{2}\cos\frac{a+b}{2},$$

$$\sin\frac{c}{2} = \sin\frac{a+b}{2}\sin\frac{C}{2}$$

Ces formules rentrent dans celles de Delambre, mais ne conviennent (du moins les deux extrêmes) qu'au cas particulier où $a = b$ et $A = B$; pour en déduire les résultats généraux correspondants, il suffira évidemment d'y introduire, d'une manière convenable, les deux facteurs $\cos\frac{a-b}{2}$, $\cos\frac{A-B}{2}$ qui se réduisent à 1 et sont les seuls à se réduire à 1 lorsqu'on fait $a = b$, $A = B$. On trouve ainsi en se rappelant les remarques faites plus haut : d'abord les formules (1), (2), (3),

$$\sin\frac{A+B}{2}\cos\frac{c}{2} = \cos\frac{C}{2}\cos\frac{a-b}{2},$$

$$\cos\frac{A+B}{2}\cos\frac{c}{2} = \sin\frac{C}{2}\cos\frac{a+b}{2},$$

$$\cos\frac{A-B}{2}\sin\frac{c}{2} = \sin\frac{C}{2}\cos\frac{a+b}{2};$$

et puis la formule (4),

$$\sin\frac{A-B}{2}\sin\frac{c}{2} = \cos\frac{C}{2}\cos\frac{a-b}{2}$$

en s'appuyant sur ce que la somme membre à membre des carrés des quatre formules doit donner $1 = 1$.

64. Analogies de Neper. — Ces nouvelles formules qui ont été découvertes bien avant celles de Delambre, sont des conséquences très simples de celles-ci. Si nous résolvons en effet, les formules de Delambre par rapport à $\tang \frac{A+B}{2}$, $\tang \frac{A-B}{2}$, $\tang \frac{a+b}{2}$, $\tang \frac{a-b}{2}$ on trouve

$$\operatorname{tang} \frac{A+B}{2} = \cot \frac{C}{2} \cdot \frac{\cos \frac{a-b}{2}}{\cos \frac{a+b}{2}},$$

$$\operatorname{tang} \frac{A-B}{2} = \cot \frac{C}{2} \cdot \frac{\sin \frac{a-b}{2}}{\sin \frac{a+b}{2}},$$

$$\operatorname{tang} \frac{a+b}{2} = \operatorname{tang} \frac{c}{2} \cdot \frac{\cos \frac{A-B}{2}}{\cos \frac{A+B}{2}},$$

$$\operatorname{tang} \frac{a-b}{2} = \operatorname{tang} \frac{c}{2} \cdot \frac{\sin \frac{A-B}{2}}{\sin \frac{A+B}{2}};$$

résultats auxquels nous adjoindrons le suivant

$$\frac{\operatorname{tang} \frac{A+B}{2}}{\operatorname{tang} \frac{A-B}{2}} = \frac{\operatorname{tang} \frac{a+b}{2}}{\operatorname{tang} \frac{a-b}{2}}$$

qui est une conséquence immédiate de $\frac{\sin A}{\sin B} = \frac{\sin a}{\sin b}$.

65. Ces cinq formules et les dix autres analogues qui s'en déduisent en effectuant des permutations tournantes simultanées sur A, B, C et sur a, b, c, mais que nous nous dispenserons d'écrire, constituent les analogies de Neper. On voit que ce sont des relations à deux termes comme les formules de Delambre et que si on en chasse les dénominateurs, après avoir remplacé les tangentes par leurs valeurs en sinus et cosinus, les monomes servant de premier et de second membre dans les quatre premières, seront composés de trois facteurs, deux fonctions d'angles et un fonction de côtés, ou inversement deux fonctions de côtés et une fonction d'angles, choisies d'ailleurs parmi les douze fonctions trigonométriques sinus ou cosinus de $\frac{a \pm b}{2}$, de $\frac{c}{2}$, de $\frac{A \pm B}{2}$, de $\frac{C}{2}$.

66. Cette simple remarque permet de retrouver immédiatement deux des analogies de Neper. Opérons, en effet, comme pour les formules de Delambre. Considérons le cas particulier où $a = b$, $A = B$. Le triangle CAD rectangle en D (fig. 7) nous donnera

$$\operatorname{tang} \frac{A+B}{2} \operatorname{tang} \frac{C}{2} = \frac{1}{\cos\left(\frac{a+b}{2}\right)},$$

ou

$$\sin \frac{A+B}{2} \sin \frac{C}{2} \cos \frac{a+b}{2} = \cos \frac{A+B}{2} \cos \frac{C}{2};$$

et

$$\cos \frac{A+B}{2} = \frac{\operatorname{tang} \frac{c}{2}}{\operatorname{tang} \frac{a+b}{2}},$$

ou

$$\sin \frac{a+b}{2} \cos \frac{c}{2} \cos \frac{A+B}{2} = \cos \frac{a+b}{2} \sin \frac{c}{2};$$

ces formules expriment ce que deviennent la première et la troisième des analogies de Neper lorsqu'on y fait $a = b$, $A = B$. Pour en déduire les analogies correspondantes, relatives au cas général, il suffira évidemment d'introduire le facteur $\cos \frac{a-b}{2}$ dans le second membre de la première formule et le facteur $\cos \frac{A-B}{2}$ dans le second membre de la seconde, ce qui donnera

$$\sin \frac{A+B}{2} \sin \frac{C}{2} \cos \frac{a+b}{2} = \cos \frac{A+B}{2} \cos \frac{C}{2} \cos \frac{a-b}{2}$$

ou

$$\operatorname{tang} \frac{A+B}{2} = \cot \frac{C}{2} \frac{\cos \frac{a-b}{2}}{\cos \frac{a+b}{2}},$$

et

$$\sin \frac{a+b}{2} \cos \frac{c}{2} \cos \frac{A+B}{2} = \cos \frac{a+b}{2} \sin \frac{c}{2} \cos \frac{A-B}{2}.$$

ou

$$\operatorname{tang} \frac{a+b}{2} = \operatorname{tang} \frac{c}{2} \cdot \frac{\cos \frac{A-B}{2}}{\cos \frac{A+B}{2}}.$$

Il reste encore à retrouver les deux analogies qui ont respectivement $\operatorname{tang} \frac{A-B}{2}$ et $\operatorname{tang} \frac{a-b}{2}$ pour premier membre; or pour cela il suffit de diviser membre à membre la première et la deuxième de celles que nous venons d'obtenir, successivement par

$$\frac{\operatorname{tang} \frac{A+B}{2}}{\operatorname{tang} \frac{A-B}{2}} = \frac{\operatorname{tang}\left(\frac{a+b}{2}\right)}{\operatorname{tang} \frac{a-b}{2}},$$

en ayant soin, quand on effectue la deuxième division de renverser l'ordre des deux membres de la relation diviseur.

RÉSOLUTION DES TRIANGLES PAR DES SÉRIES

67. Les solutions que fournit la trigonométrie pour les différents cas de la résolution des triangles ont un inconvénient, c'est qu'au lieu de conduire aux valeurs mêmes des angles inconnus, elles ne donnent que certaines fonctions trigonométriques de ces angles, en sorte que, après avoir tiré de la trigonométrie tout ce que celle-ci peut donner, il reste encore à passer des fonctions trigonométriques aux angles correspondants ; ce complément indispensable de la solution s'effectue comme on sait au moyen de tables construites d'avance et une fois pour toutes. Or, ces tables, qui sont bien connues et dans le détail desquelles il n'est pas nécessaire d'entrer, sont calculées de manière à ne faire connaître les résultats exigés qu'avec une certaine approximation jugée suffisante pour la plupart des cas, mais qui peut ne plus l'être dans certains cas spéciaux. Il devient alors nécessaire d'abandonner complètement la marche indiquée en trigonométrie et de prendre comme point de départ des formules où figurent les angles inconnus eux-mêmes au lieu de certaines de leurs fonctions trigonométriques. Nous allons faire connaître celles de ces formules qui se rapportent aux cas de résolution particulièrement importants où les éléments connus sont trois éléments consécutifs.

68. Considérons d'abord un triangle rectiligne, dans lequel nous supposerons connus, un angle et les deux côtés qui le comprennent. Prenons (*fig.* 8) pour unité de longueur le plus grand AB des côtés connus et appelons m la mesure de la longueur du second côté connu AC, en sorte que l'on ait $m < 1$ ou plutôt $m < 1 - \varepsilon$, ε étant un nombre déterminé qui pourra être aussi petit que l'on voudra, mais non pas nul, parce que nous nous interdirons la possibilité de faire tendre m vers 1. Désignons encore par α l'angle dont A est le sommet et soient enfin x l'angle opposé au plus petit côté connu et y le côté BC; il s'agira de déterminer en fonction de m et de α, l'angle x et le côté y. Or, la trigonométrie nous donne sur le champ les deux relations

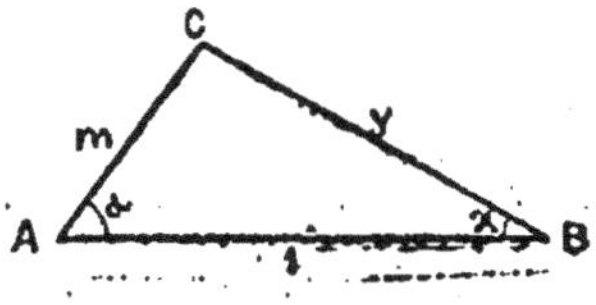

Fig. 8

$$y \sin x = m \sin \alpha, \qquad y \cos x = 1 - m \cos \alpha,$$

d'où l'on tire

$$y^2 = 1 - 2m \cos \alpha + m^2,$$

$$\sin x = \frac{m \sin \alpha}{y}, \qquad \cos x = \frac{1 - m \cos \alpha}{y},$$

Ce résultat est trop général, il faut évidemment le restreindre en ajoutant les conditions

$$y > 0, \qquad 0 < x < 180^\circ.$$

La définition exacte et complète de x peut encore s'exprimer par

$$\cos x = \frac{1 - m \cos \alpha}{\sqrt{1 - 2m \cos \alpha + m^2}}, \text{ avec } 0 < x < 90^\circ$$

ou par

$$\operatorname{tang} x = \frac{m \sin \alpha}{1 - m \cos \alpha}, \text{ avec } 0 < x < 90^\circ.$$

Ceci posé, différentions par rapport à m les relations qui donnent y^2 et tang x; après y avoir remplacé y par le logarithme népérien de son inverse et x par sa mesure trigonométrique $\overline{x}$, nous aurons

$$\frac{d.\mathrm{L}\frac{1}{y}}{dm} = \frac{\cos\alpha - m}{1 - 2m\cos\alpha + m^2}, \quad \frac{d\overline{x}}{dm} = \frac{\sin\alpha}{1 - 2m\cos\alpha + m^2}.$$

Ces deux relations peuvent se grouper en une seule par l'emploi des imaginaires; il suffit, en effet, de multiplier la première par 1, la seconde par i et d'ajouter membre à membre, ce qui donne

$$\frac{d.}{dm}\left(\mathrm{L}\,\frac{1}{y} + i\overline{x}\right) = \frac{e^{i\alpha} - m}{1 - 2m\cos\alpha + m^2} = \frac{e^{i\alpha} - m}{(e^{i\alpha} - m)(e^{-i\alpha} - m)}$$

$$= \frac{1}{e^{-i\alpha} - m} = \frac{e^{i\alpha}}{1 - me^{i\alpha}};$$

mais on a identiquement

$$\frac{1}{1 - me^{i\alpha}} = 1 + me^{i\alpha} + m^2e^{2i\alpha} + \dots$$
$$+ m^{p-1}e^{(p-1)i\alpha} + \frac{m^p e^{pi\alpha}}{1 - me^{i\alpha}},$$

comme on le voit en chassant les dénominateurs; donc

$$\frac{d.}{dm}\left(\mathrm{L}\,\frac{1}{y} + i\overline{x}\right) = e^{i\alpha} + me^{2i\alpha} + m^2e^{3i\alpha} + \dots -$$
$$+ m^{p-1}e^{pi\alpha} + \frac{m^p e^{(p+1)i\alpha}}{1 - me^{i\alpha}}.$$

Multipliant par dm et intégrant de $m = o$ à $m = m < 1 - \epsilon$, puis remarquant que $\mathrm{L}\,\frac{1}{y}$ et $\overline{x}$ par suite $\mathrm{L}\,\frac{1}{y} + i\overline{x}$

sont des fonctions continues pour toutes les valeurs de m de o à m, puisque leurs dérivées sont finies et déterminées entre ces limites, il viendra pour le premier membre

$$\left(\mathrm{L}\frac{1}{y}+i\bar{x}\right)_{m=m}-\left(\mathrm{L}\frac{1}{y}+i\bar{x}\right)_{m=o}=\mathrm{L}\frac{1}{y}+i\bar{x}$$

et on aura

$$(1)\qquad \mathrm{L}\frac{1}{y}+i\bar{x}=me^{l\alpha}+\frac{m^2}{2}e^{2l\alpha}+\ldots$$
$$+\frac{m^p}{p}e^{pl\alpha}+\int_0^m\frac{m^pe^{(p+1)l\alpha}}{1-me^{l\alpha}}dm$$

Cherchons maintenant, non pas la valeur exacte de l'intégrale du deuxième membre dont on peut se passer, mais une limite supérieure du module de cette intégrale, ce qui nous donnera en même temps une limite supérieure des valeurs absolues de la partie réelle et du coefficient de i dans la même intégrale. Or le module d'une intégrale est plus petit que l'intégrale du module de l'élément sous le signe $\int$, d'ailleurs le module de l'élément sous le signe $\int$ est ici le module de son numérateur, c'est-à-dire m^p divisé par le module de son dénominateur, lequel étant le module d'une somme algébrique, est plus grand que la différence des modules des termes, c'est-à-dire que $1-m$, et par suite *à fortiori* plus grand que $1-(1-\varepsilon)=\varepsilon$; donc finalement, l'expression

$$\int_0^m\frac{m^pdm}{\varepsilon}=\frac{m^{p+1}}{(p+1)\,\varepsilon}$$

est une limite supérieure des valeurs absolues de la partie réelle et du coefficient de i, dans l'intégrale qui entre dans le second membre de la relation (1). Cela posé, on peut écrire

$$(2) \qquad L\frac{1}{y} + i\bar{\varpi} = me^{i\alpha} + \frac{m^2}{2}e^{2i\alpha} + \frac{m^3}{3}e^{3i\alpha} + \ldots$$
$$+ \frac{m^p}{p}e^{pi\alpha} + \frac{m^{p+1}}{(p+1)\varepsilon}(\theta' + i\theta'')\,;$$

θ' et θ'' étant l'un et l'autre compris entre -1 et $+1$.

Faisant croître p indéfiniment et observant que ε est déterminé quoique pouvant être aussi petit que l'on veut, on conclut que $L\frac{1}{y} + i\bar{\varpi}$ est ce qu'on appelle la somme de la série ordonnée suivant les puissances entières et positives de m, dont $\frac{m^p}{p}e^{pi\alpha}$ est le terme général, c'est-à-dire de la série

$$\sum_{p=1}^{p=\infty} \frac{m^p}{p} e^{ip\alpha};$$

et par conséquent que l'on a

$$L\frac{1}{y} = \sum_{p=1}^{p=\infty} \frac{m^p}{p}\cos p\alpha, \qquad \varpi = \sum_{p=1}^{p=\infty} \frac{m^p}{p}\sin p\alpha.$$

69. Ces résultats constituent deux théorèmes importants dus à Lagrange et que l'on peut résumer ainsi : m étant un nombre positif égal ou inférieur à $1 - \varepsilon$, et α un angle positif moindre que 180^0, si l'on pose

$$y^2 = 1 - 2m\cos\alpha + m^2, \qquad \text{avec} \qquad y > 0;$$

$$\tan g\,\varpi = \frac{m\sin\alpha}{1 - m\cos\alpha}, \qquad \text{avec} \qquad 0 < \bar{\varpi} < \frac{\pi}{2}$$

on aura : 1°

$$L\frac{1}{y} = \sum_{p=1}^{p=\infty} \frac{m^p}{p} \cos p\alpha ,$$

2°

$$\bar{\omega} = \sum_{p=1}^{p=\infty} \frac{m^p}{p} \sin p\alpha ;$$

70. On peut généraliser ces deux théorèmes et leur donner l'extension suivante : m étant un nombre positif ou négatif égal ou inférieur à $1 - \varepsilon$ en valeur absolue et α un angle positif ou négatif tout à fait quelconque, si l'on pose

$$y^2 = 1 - 2m \cos\alpha + m^2, \text{ avec } y > o,$$

$$\tang \omega = \frac{m \sin\alpha}{1 - m\cos\alpha}, \quad \text{avec} \quad -\frac{\pi}{2} < \bar{\omega} < \frac{\pi}{2} ;$$

on aura : 1°

$$L.\frac{1}{y} = \sum_{p=1}^{p=\infty} \frac{m^p}{p} \cos p\alpha,$$

2°

$$\bar{\omega} = \sum_{p=1}^{p=\infty} \frac{m^p}{p} \sin p\alpha$$

71. En effet, admettons en premier lieu que m soit positif et que α soit compris entre 180^0 et 360^0. Posons $\alpha = 360^0 - \beta$, en sorte que β soit compris entre o et 180^0 et que l'on ait

$$\sin\beta = -\sin\alpha, \qquad \cos\beta = \cos\alpha,$$

$$1 - 2m\cos\beta + m^2 = 1 - 2m\cos\alpha + m^2,$$

$$\frac{m\sin\beta}{1 - m\cos\beta} = -\frac{m\sin\alpha}{1 - m\cos\alpha};$$

Si nous faisons

$$\eta^2 = 1 - 2m\cos\beta + m^2 \quad \text{avec} \quad \eta > 0$$

et

$$\operatorname{tang}\xi = \frac{m\sin\beta}{1 - m\cos\beta} \quad \text{avec} \quad -\frac{\pi}{2} < \bar{\xi} < \frac{\pi}{2}$$

on verra d'abord que $\eta = y$, $\bar{\xi} = -\bar{\omega}$; mais β étant compris entre o et 180^0, et m compris entre o et $1 - \varepsilon$, on sait que

$$L\frac{1}{\eta} = \sum_{p=1}^{p=\infty} \frac{m^p}{p}\cos p\beta \quad \text{et} \quad \bar{\xi} = \sum_{p=1}^{p=\infty} \frac{m^p}{p}\sin p\beta$$

donc, en substituant à, η, $\bar{\xi}$, β, leurs valeurs en y, $\bar{\omega}$, α, il viendra

$$L\frac{1}{y} = \sum_{p=1}^{p=\infty} \frac{m^p}{p}\cos p(360^0 - \alpha) = \sum_{p=1}^{p=\infty} \frac{m^p}{p}\cos p\alpha$$

$$\bar{\omega} = -\sum_{p=1}^{p=\infty} \frac{m^p}{p}\sin p(360^0 - \alpha) = \sum_{p=1}^{p=\infty} \frac{m^p}{p}\sin p\alpha.$$

72. Supposons en second lieu m positif et α tout à fait quelconque; posons $\alpha = K.360^0 + \beta$, $K.360^0$ étant le plus grand multiple de 360^0 contenu dans α, et par suite β étant compris entre o et 360^0, nous aurons d'abord

$$\sin\beta = \sin\alpha, \qquad \cos\beta = \cos\alpha,$$

$$1 - 2m\cos\beta + m^2 = 1 - 2m\cos\alpha + m^2,$$

$$\frac{m\sin\beta}{1 - m\cos\beta} = \frac{m\sin\alpha}{1 - m\cos\alpha},$$

et si nous posons

$$\eta^2 = 1 - 2m\cos\beta + m^2 \quad \text{avec} \quad \eta > o,$$

$$\operatorname{tang}\xi = \frac{m\sin\beta}{1 - m\cos\beta} \quad \text{avec} \quad -\frac{\pi}{2} < \xi < \frac{\pi}{2},$$

on verra aisément que $\eta = y$, $\xi = \varpi$; mais β étant compris entre o et 360^0 et m compris entre o et $1 - \varepsilon$, on a

$$L\frac{1}{\eta} = \sum_{p=1}^{p=\infty} \frac{m^p}{p}\cos p\beta \qquad \xi = \sum_{p=1}^{p=\infty} \frac{m^p}{p}\sin p\beta.$$

donc en exprimant η, ξ, β en fonction de y, ϖ, α, il viendra

$$L.\frac{1}{y} = \sum_{p=1}^{p=\infty} \frac{m^p}{p}\cos p(\alpha - K360^0) = \sum_{p=1}^{p=\infty} \frac{m^p}{p}\cos p\alpha,$$

$$\varpi = \sum_{p=1}^{p=\infty} \frac{m^p}{p}\sin p(\alpha - K360^0) = \sum_{p=1}^{p=\infty} \frac{m^p}{p}\sin p\alpha.$$

73. Supposons enfin m négatif mais toujours plus petit que $1 - \varepsilon$ en valeur absolue et α tout à fait quelconque; posons

$m = -n$, $\alpha = 180^0 + \beta$ en sorte que n soit positif et β quelconque comme α, nous aurons d'abord

$$n \sin \beta = m \sin \alpha, \qquad n \cos \beta = m \cos \alpha,$$

$$1 - 2n \cos \beta + n^2 = 1 - 2m \cos \alpha + m^2,$$

$$\frac{n \sin \beta}{1 - n \cos \beta} = \frac{m \sin \alpha}{1 - m \cos \alpha},$$

et si on pose

$$\eta^2 = 1 - 2n \cos \beta + n^2 \quad \text{avec} \quad \eta > 0$$

$$\operatorname{tang} \xi = \frac{n \sin \beta}{1 - n \cos \beta} \quad \text{avec} \quad -\frac{\pi}{2} < \overline{\xi} < \frac{\pi}{2}$$

on verra de plus que $\eta = y$, $\overline{\xi} = \overline{\varpi}$; mais n étant positif et $< 1 - \varepsilon$, on sait que quel que soit β

$$L \frac{1}{\eta} = \sum_{p=1}^{p=\infty} \frac{n^p}{p} \cos p\beta, \qquad \overline{\xi} = \sum_{p=1}^{p=\infty} \frac{n^p}{p} \sin p\beta$$

donc en exprimant η, $\overline{\xi}$, β, n en fonction de y, $\overline{\varpi}$, α, m, on a finalement

$$L \frac{1}{y} = \sum_{p=1}^{p=\infty} \frac{m^p}{p} (-1)^p \cos (p\alpha - p.\, 180^0)$$

$$= \sum_{p=1}^{p=\infty} \frac{m^p}{p} \cos p\alpha \, (-1)^p \cos p \, .\, 180^0 = \sum_{p=1}^{p=\infty} \frac{m^p}{p} \cos p\alpha,$$

$$\bar{\xi} = \sum_{p=1}^{p=\infty} \frac{m^p}{p} (-1)^p \sin(p\alpha - p.\,180^\circ)$$

$$= \sum_{p=1}^{p=\infty} \frac{m^p}{p} (-1)^p \sin p\alpha \cos p.\,180^\circ = \sum_{p=1}^{p=\infty} \frac{m^p}{p} \sin p\alpha.$$

C. Q. F. D.

74. Les deux théorèmes de Lagrange que nous venons de démontrer reçoivent diverses applications en astronomie ; non seulement ils donnent, comme nous l'avons déjà vu, des développements en série faisant connaître avec une approximation aussi grande que l'on veut les éléments inconnus d'un triangle rectiligne dans un des cas les plus importants, mais ils conduisent à des résultats analogues et offrent les mêmes avantages pour ce qui concerne la résolution des triangles sphériques. C'est ce que nous allons indiquer avec quelques détails, après avoir rappelé les résultats fournis par la trigonométrie.

75. Si dans un triangle sphérique on se donne deux côtés a et b et l'angle compris C et que l'on se propose de trouver les deux angles A et B et le troisième côté c, le moyen le plus simple consiste à déterminer d'abord les deux angles A et B par les deux premières analogies de Neper

$$(1) \qquad \operatorname{tang}\frac{1}{2}(A + B) = \cot\frac{1}{2}C \,.\, \frac{\cos\frac{1}{2}(a - b)}{\cos\frac{1}{2}(a + b)},$$

$$(2) \qquad \operatorname{tang}\frac{1}{2}(A - B) = \cot\frac{1}{2}C \,.\, \frac{\sin\frac{1}{2}(a - b)}{\sin\frac{1}{2}(a + b)};$$

puis, ces deux angles étant connus, on a le troisième côté c par la troisième analogie ou mieux par la quatrième

$$\operatorname{tang}\frac{1}{2}(a-b)=\operatorname{tang}\frac{1}{2}c\,.\,\frac{\sin\frac{1}{2}(\mathrm{A}-\mathrm{B})}{\sin\frac{1}{2}(\mathrm{A}+\mathrm{B})}$$

qui résolue par rapport à $\operatorname{tang}\frac{1}{2}c$, donne

$$(4\ bis)\qquad \operatorname{tang}\frac{1}{2}c=\operatorname{tang}\frac{1}{2}(a-b)\,.\,\frac{\sin\frac{1}{2}(\mathrm{A}+\mathrm{B})}{\sin\frac{1}{2}(\mathrm{A}-\mathrm{B})}.$$

76. Si en second lieu, on se donne dans un triangle sphérique deux angles A et B et le côté adjacent c et que l'on se propose de trouver les deux côtés a et b et le troisième angle C, on déterminera d'abord les deux côtés a et b par la troisième et la quatrième analogies de Neper

$$(3)\qquad \operatorname{tang}\frac{1}{2}(a+b)=\operatorname{tang}\frac{1}{2}c\,.\,\frac{\cos\frac{1}{2}(\mathrm{A}-\mathrm{B})}{\cos\frac{1}{2}(\mathrm{A}+\mathrm{B})},$$

$$(4)\qquad \operatorname{tang}\frac{1}{2}(a-b)=\operatorname{tang}\frac{1}{2}c\,.\,\frac{\sin\frac{1}{2}(\mathrm{A}-\mathrm{B})}{\sin\frac{1}{2}(\mathrm{A}+\mathrm{B})};$$

puis, ces deux côtés étant connus, on a C par la deuxième analogie

$$\operatorname{tang}\frac{1}{2}(\mathrm{A}-\mathrm{B})=\cot\frac{1}{2}\mathrm{C}\,.\,\frac{\sin\frac{1}{2}(a-b)}{\sin\frac{1}{2}(a+b)},$$

qui résolue par rapport à $\tang \frac{1}{2} C$, donne

$$(2\,bis)\quad \tang \frac{1}{2} C = \cot \frac{1}{2}(A - B) \frac{\sin \frac{1}{2}(a - b)}{\sin \frac{1}{2}(a + b)}.$$

77. Il est aisé de voir en observant que $\cot \frac{1}{2} C = \tang\left(90^0 - \frac{C}{2}\right)$ et $\cot \frac{1}{2}(A - B) = \tang\left(90^0 - \frac{1}{2} A + \frac{1}{2} B\right)$ que toutes les équations auxquelles on est conduit rentrent dans le même type :

$$\tang x_1 = m_1 \tang \alpha_1,$$

où x_1 est l'inconnue et m_1 et α_1 sont des données. Or, cette dernière équation se ramène à celle

$$\tang x = \frac{1 - m \cos \alpha}{m \sin \alpha}$$

que nous avons étudiée précédemment et dont le deuxième théorème de Lagrange fournit, sous certaines conditions, la solution en série. En effet, en posant $x_1 - \alpha = x'$, il vient

$$\tang x' = \frac{\tang x - \tang \alpha}{1 + \tang x \tang \alpha} = \frac{(m - 1) \tang \alpha}{1 + m \tang^2 \alpha} = \frac{(m - 1) \sin 2\alpha}{2 \cos^2 \alpha + 2m \sin^2 \alpha}$$

$$= \frac{(m - 1) \sin 2\alpha}{1 + \cos 2\alpha + m - m \cos 2\alpha} = \frac{\frac{m - 1}{m + 1} \sin 2\alpha}{1 - \frac{m - 1}{m + 1} \cos 2\alpha}$$

et l'on voit que pourvu que $1 - \left(\frac{m - 1}{m + 1}\right)^2$ soit positif ou, ce qui revient au même, pourvu que m soit positif, et que de plus on ait $-\frac{\pi}{2} < \overline{x'} < \frac{\pi}{2}$, l'équation aura complètement la forme annoncée.

78. Appliquons ces considérations aux analogies de Neper (1), (2), (1 *bis*), (3), (4), (2 *bis*), en commençant par la première, c'est-à-dire en supposant que l'on ait :

$$x = \frac{1}{2}(A + B), \qquad \alpha = 90^0 - \frac{1}{2}C,$$

$$m = \frac{\cos\frac{1}{2}(a - b)}{\cos\frac{1}{2}(a + b)}$$

$$x' = \frac{1}{2}(A + B + C - 180^0), \qquad \frac{m - 1}{m + 1} = \tan g\frac{1}{2}a \tan g\frac{1}{2}b$$

ce qui donne

$$\tan g\frac{1}{2}(A + B + C - 180^0) = \frac{\tan g\frac{1}{2}a \tan g\frac{1}{2}b \sin(180^0 - C)}{1 - \tan g\frac{1}{2}a \tan g\frac{1}{2}b\cos(180^0 - C)}$$

pour l'équation en x', qui doit servir à la détermination, sous forme de série, de l'inconnue $\frac{1}{2}(\bar{A} + \bar{B})$.

Nous avons déjà vu que cette équation ne pouvait être utilisée que si m était positif, nous exigerons donc que $\frac{1}{2}(a + b)$ et par suite $\frac{1}{2}(A + B)$, d'après l'analogie (1), soient plus petits que 90°. Or, il est évident que sous cette condition, on a de plus les deux inégalités

$$-\frac{\pi}{2} < \frac{1}{2}(\bar{A} + \bar{B} + \bar{C} - \pi) < \frac{\pi}{2}.$$

En effet la première devient une identité après la suppression de $-\frac{\pi}{2}$ dans les deux membres et la deuxième est une conséquence immédiate de $\frac{\bar{A}+\bar{B}}{2} < \frac{\pi}{2}$, $\bar{C} - \pi < 0$. Cela posé, le deuxième théorème de Lagrange donne

$$\frac{1}{2}(\bar{A}+\bar{B}+\bar{C}-\pi)=\sum_{p=1}^{p=\infty}\left(\operatorname{tang}\frac{1}{2}a\operatorname{tang}\frac{1}{2}b\right)^p(-1)^{p+1}\frac{\sin pC}{p}$$

avec

$$\frac{a+b}{2} < 90^\circ$$

et le problème est résolu, du moins dans le cas où $\frac{a+b}{2}$ est $\lessdot 90^0$.

79. Si l'on a $\frac{a+b}{2} > 90^0$, on prolongera au delà du côté c, les deux côtés a et b du triangle donné, de manière à former le triangle dont les éléments ont pour valeurs

$$a' = 180^0 - a, \qquad b' = 180^0 - b, \qquad c' = c$$

$$A' = 180^0 - A, \qquad B' = 180^0 - B, \qquad C' = C,$$

et comme $\frac{a'+b'}{2}$ et $\frac{A'+B'}{2}$ seront alors moindres que 90°, on aura

$$\frac{1}{2}(\bar{A}'+\bar{B}'+\bar{C}-\pi)=\sum_{p=1}^{p=\infty}\left(\operatorname{tang}\frac{1}{2}a'\operatorname{tang}\frac{1}{2}b'\right)^p(-1)^{p+1}\frac{\sin pC}{p}$$

et par suite en rétablissant a, b, c, A, B, C

$$\frac{1}{2}(\pi+\bar{C}-\bar{A}-\bar{B})=\sum_{p=1}^{p=\infty}\left(\cot\frac{1}{2}a\cot\frac{1}{2}b\right)^p(-1)^{p+1}\frac{\sin pC}{p}$$

résultat qui maintenant se rapporte au cas de $a+b>90^\circ$.

80. Passons à la seconde analogie de Neper (2), c'est-à-dire supposons que l'on ait

$$x=\frac{1}{2}(A-B),\quad \alpha=90^0-\frac{1}{2}C,\quad m=\frac{\sin\frac{1}{2}(a-b)}{\sin\frac{1}{2}(a+b)}$$

$$x'=\frac{1}{2}(A-B+C-180^0),\quad \frac{m-1}{m+1}=-\operatorname{tang}\frac{1}{2}b\cot\frac{1}{2}a,$$

ce qui donne

$$\operatorname{tang}\frac{1}{2}(A-B+C-180^0)=-\frac{\operatorname{tang}\frac{1}{2}b\cot\frac{1}{2}a\sin(180-C)}{1+\operatorname{tang}\frac{1}{2}b\cot\frac{1}{2}a\cos(180-C)}$$

pour l'équation en x' qui doit servir à la détermination sous forme de série de l'inconnue $\frac{1}{2}(\overline{A}-\overline{B})$.

Nous avons déjà vu que cette équation ne pouvait être employée que si m était positif, nous exigerons donc que a soit $>b$ ou $A>B$, mais il est aisé de voir que sous cette condition, on a de plus

$$-\frac{\pi}{2}<\frac{1}{2}(\overline{A}-\overline{B}+\overline{C}-\pi)<\frac{\pi}{2}$$

En effet, la première inégalité est évidente à cause de $\overline{A}>\overline{B}$ et la seconde résulte de ce que l'aire ou l'excès sphérique $\overline{A}+\overline{B}+\overline{C}-\pi$ du triangle est plus petit que l'aire $2B$ du fuseau B; cela posé, on a d'après le second théorème de

Lagrange

$$\frac{1}{2}(\bar{A} - \bar{B} + \bar{C} - \pi) = \sum_{p=1}^{p=\infty} \left(\operatorname{tang}\frac{1}{2}b \cot\frac{1}{2}a\right)^p \frac{\sin pC}{p}$$

et le problème est résolu du moins lorsque a est $> b$.

81. Si a est $< b$ et par suite $A < B$, on n'a qu'à échanger a en b, A et B, et l'on trouve

$$\frac{1}{2}(\bar{B} - \bar{A} + \bar{C} - \pi) = \sum_{p=1}^{p=\infty} \left(\operatorname{tang}\frac{1}{2}a \cot\frac{1}{2}b\right)^p \frac{\sin pC}{p}.$$

où d'ailleurs il faut supposer $a < b$.

82. Passons à la quatrième des analogies (4 *bis*), c'est-à-dire supposons que l'on ait

$$x = \frac{1}{2}c, \qquad \alpha = \frac{1}{2}(a - b), \qquad m = \frac{\sin\frac{1}{2}(A + B)}{\sin\frac{1}{2}(A - B)},$$

$$x' = \frac{1}{2}(c - a + b), \qquad \frac{m - 1}{m + 1} = \operatorname{tang}\frac{1}{2}B \cot\frac{1}{2}A$$

ce qui donne

$$\operatorname{tang}\frac{1}{2}(c - a + b) = \frac{\operatorname{tang}\frac{1}{2}B \cot\frac{1}{2}A \sin(a - b)}{1 - \operatorname{tang}\frac{1}{2}B \cot\frac{1}{2}A \cos(a - b)}$$

pour l'équation en x' qui doit servir à la détermination sous forme de série de l'inconnue $\bar{c}$.

Nous avons déjà vu que cette équation ne pouvait être utilisée que si m était plus grand que zéro. Nous exigerons donc que A soit $>$ B et par conséquent $a > b$; mais il est aisé de voir que sous cette condition, on a de plus

$$-\frac{\pi}{2} < \frac{1}{2}(\bar{c} - \bar{a} + \bar{b}) < \frac{\pi}{2}.$$

Cela est évident pour la première inégalité, car son second membre est toujours positif et cela est vrai aussi pour la seconde inégalité, car de $a > b$ résulte

$$\frac{1}{2}(\bar{c} - \bar{a} + \bar{b}) < \frac{1}{2}\bar{c} < \frac{\pi}{2};$$

donc d'après le théorème de Lagrange, on a

$$\frac{1}{2}(\bar{c} - \bar{a} + \bar{b}) = \sum_{p=1}^{p=\infty} \left(\operatorname{tang}\frac{1}{2}\mathrm{B} \cot\frac{1}{2}\mathrm{A}\right)^p \frac{\sin p(a-b)}{p}$$

et le problème se trouve résolu du moins pour $a > b$.

83. Si a était $< b$, il suffirait d'échanger a en b, A en B et nous aurions

$$\frac{1}{2}(\bar{c} - \bar{b} + \bar{a}) = \sum_{p=1}^{p=\infty} \left(\operatorname{tang}\frac{1}{2}\mathrm{A} \cot\frac{1}{2}\mathrm{B}\right)^p \frac{\sin p(b-a)}{p}$$

qui d'ailleurs ne serait vraie que pour $b > a$.

84. Il est inutile de rechercher directement les résultats auxquels conduisent les trois dernières analogies de Neper (3), (4), (2 *bis*). Ces résultats doivent, en effet, être ceux que fournissent les trois analogies (1), (2), (4 *bis*), lorsqu'on applique celles-ci au triangle polaire du triangle donné. Appelant donc a', b', c', A' B', C', les côtés et les angles de ce triangle polaire, nous aurons

1° :

$$\frac{1}{2}(\bar{A}'+\bar{B}'+\bar{C}'-\pi)=\sum_{p=1}^{p=\infty}\left(\text{tang}\,\frac{1}{2}\,a'\,\text{tang}\,\frac{1}{2}\,b'\right)^p(-1)^{p+1}\,\frac{\sin pC'}{p},$$

lorsque $\bar{a}'+\bar{b}'$, ou $\bar{A}'+\bar{B}'$ est $<\frac{\pi}{2}$

et

$$\frac{1}{2}(\pi+\bar{C}'-\bar{A}'-\bar{B}')=\sum_{p=1}^{p=\infty}\left(\cot\frac{1}{2}a'\cot\frac{1}{2}b'\right)^p(-1)^{p+1}\,\frac{\sin pC'}{p},$$

lorsque $a'+b'$, ou $\bar{A}'+\bar{B}'$ est $>\frac{\pi}{2}$;

2° $$\frac{1}{2}(\bar{A}'-\bar{B}'+\bar{C}'-\pi)=\sum_{p=1}^{p=\infty}\left(\text{tang}\,\frac{1}{2}\,b'\cot\frac{1}{2}\,a'\right)^p\frac{\sin pC'}{p},$$

lorsque a' est $>b'$ ou $A'>B'$

et

$$\frac{1}{2}(\bar{B}'-\bar{A}'+\bar{C}'-\pi)=\sum_{p=1}^{p=\infty}\left(\text{tang}\,\frac{1}{2}\,a'\cot\frac{1}{2}\,b'\right)^p\frac{\sin pC'}{p},$$

lorsque a' est $<b'$ ou $A'<B'$;

3° :

$$\frac{1}{2}(\bar{c}'-\bar{a}'+\bar{b}')=\sum_{p=1}^{p=\infty}\left(\text{tang}\,\frac{1}{2}\,B'\cot\frac{1}{2}\,A'\right)^p\frac{\sin p\,(a'-b')}{p},$$

lorsque a' est $> b'$ ou $A' > B'$

et

$$\frac{1}{2}(\bar{c'} - \bar{b'} + \bar{a'}) = \sum_{p=1}^{p=\infty} \left(\operatorname{tang}\frac{1}{2}A' \cot\frac{1}{2}B'\right)^p \frac{\sin p(b' - a')}{p},$$

lorsque b' est $> a'$ ou $B' > A'$.

Exprimant enfin les éléments du triangle polaire en fonction de ceux du triangle donné, il vient :

$$\textbf{85.}\quad \frac{1}{2}(2\pi - \bar{a} - \bar{b} - \bar{c}) = \sum_{p=1}^{p=\infty} \left(\cot\frac{1}{2}A \cot\frac{1}{2}B\right)^p \frac{\sin pc}{p},$$

lorsque $\frac{A+B}{2}$ par suite $\frac{a+b}{2}$ est $> 90^0$

et

$$\frac{1}{2}(\bar{a} + \bar{b} - \bar{c}) = \sum_{p=1}^{p=\infty} \left(\operatorname{tang}\frac{1}{2}A \operatorname{tang}\frac{1}{2}B\right)^p \frac{\sin pc}{p},$$

lorsque $\frac{A+B}{2}$ par suite $\frac{a+b}{2}$ est $< 90^0$;

$$\textbf{86.}\quad \frac{1}{2}(\bar{a} + \bar{c} - \bar{b}) = \sum_{p=1}^{p=\infty} \left(\cot\frac{1}{2}B \operatorname{tang}\frac{1}{2}A\right)^p (-1)^p \frac{\sin pC}{p},$$

lorsque A est $< B$, par suite $a < b$

et

$$\frac{1}{2}(\bar{b} + \bar{c} - \bar{a}) = \sum_{p=1}^{p=\infty} \left(\cot\frac{1}{2} \cot\frac{1}{2}B\right)^p (-1)^p \frac{\sin pc}{p},$$

lorsque A est > B, par suite $a > b$

87. $$\frac{1}{2}(\pi + \bar{A} - \bar{B} - \bar{C}) = \sum_{p=1}^{p=\infty} \left(\cot\frac{1}{2}b \tang\frac{1}{2}a\right)^p \frac{\sin p\,(B - A)}{p},$$

lorsque A est < B ou $a < b$

et

$$\frac{1}{2}(\pi + \bar{B} - \bar{A} - \bar{C}) = \sum_{p=1}^{p=\infty} \left(\tang\frac{1}{2}b \cot\frac{1}{2}a\right)^p \frac{\sin p\,(A - B)}{p},$$

lorsque A est > B ou $a > b$.

PREMIÈRES NOTIONS DE GÉOMÉTRIE SPHÉRIQUE INFINITÉSIMALE

88. Jusqu'ici les seules figures sphériques que nous ayons considérées sont les triangles, mais dans la suite nous rencontrerons des figures plus compliquées et nous aurons à invoquer certaines notions se rapportant à la géométrie sphérique analytique qu'il sera dès lors bon de connaître.

Indiquons en premier lieu en quoi consiste un système de coordonnées sphériques.

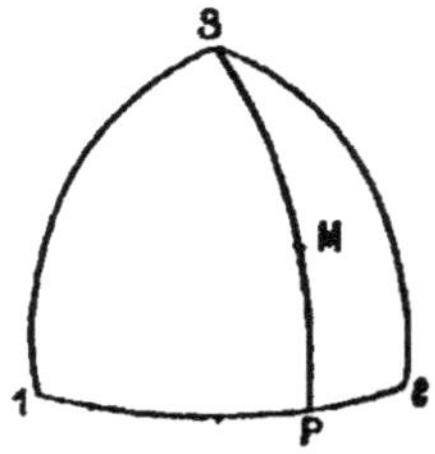

Fig. 9.

89. Pour définir un système de coordonnées sphériques on se donne un triangle sphérique trirectangle tracé sur la sphère, et dont les sommets soient numérotés 1, 2, 3 (*fig.* 9); ce triangle se nomme le triangle de référence du système des coordonnées.

Ceci posé, les coordonnées, à savoir l'ordonnée et l'abscisse, par lesquelles la position d'un point M de la sphère est fixée, s'obtiennent de la manière suivante : L'ordonnée y du point M est la distance angulaire du point M au pied P du plus petit arc de grand cercle toujours inférieur à 90° mené de M perpendiculairement au côté 1, 2 du triangle de référence ; cette distance étant prise positivement ou négativement, suivant que le point M se trouve dans le même hémisphère que le point 3 par rapport au grand cercle 1, 2 ou bien dans l'hémisphère opposé. Les ordonnées varient de $-90°$ à $+90°$, elles ne sont donc pas déterminées par leur cosinus, mais elles le sont complètement par leur sinus ou par leur tangente.

L'abscisse x du point M est la distance angulaire 1 P de 1 à P comptée dans le sens 1, 2; les abscisses varient de 0 à 360° et ne sont par suite complètement déterminées que lorsqu'on connaît leur sinus et leur cosinus.

90. A ce premier système de coordonnées, qu'on appelle système de coordonnées rectangulaires s'en rattache un autre dit système de coordonnées polaires et qui est formé (*fig.* 9) : 1° de la distance angulaire u nommé rayon vecteur du point 3 au point M ; 2° de l'angle dièdre ω nommé azimuth compté de 3, 1 vers 3, 2 que forme le plan (3, M) avec le plan (3, 1) ; il est d'ailleurs évident que l'on a $u = 90° - y$, $\omega = x$ en sorte que ce second système de coordonnées se ramène immédiatement au premier et réciproquement.

91. Joignons le centre O de la sphère aux sommets 1,2,3, du triangle de référence, et désignons par λ, μ, ν, les cosinus directeurs de la direction OM par rapport aux axes rectilignes rectangulaires O 1, O 2, O 3, nous aurons :

$$\lambda = \cos(\mathrm{OM},\mathrm{O1}) = \cos y \cos x$$
$$\mu = \cos(\mathrm{OM},\mathrm{O2}) = \cos y \sin x$$
$$\nu = \cos(\mathrm{OM},\mathrm{O3}) = \sin y.$$

mais ces cosinus λ, μ, ν, sont aussi proportionnels aux coordonnées cartésiennes ξ, η, ζ du point M par rapport aux trois axes rectilignes O 1, O 2, O 3, on peut donc écrire :

$$\frac{\cos y \cos x}{\xi} = \frac{\cos y \sin x}{\eta} = \frac{\sin y}{\zeta} = \frac{1}{\pm\sqrt{\xi^2 + \eta^2 + \zeta^2}} = \pm\frac{1}{R}$$

R étant le rayon de la sphère.

Ces équations servent évidemment à passer des coordonnées sphériques aux coordonnées rectilignes et réciproquement.

92. *Équation en coordonnées sphériques d'un grand cercle de la sphère.* Tous les points d'un grand cercle sont dans un même plan, qui d'ailleurs passe par le centre de la sphère, donc les coordonnées rectilignes ξ, η, ζ de tous ces points satisfont à une équation homogène et linéaire

$$A\xi + B\eta + C\zeta = 0.$$

Remplaçant ξ, η et ζ par les fonctions de x et de y, qui leur sont proportionnelles il vient

$$A \cos y \cos x + B \cos y \sin x + C \sin y = 0,$$

pour l'équation cherchée.

93. Cette équation permet de résoudre sur le champ le problème suivant, qui nous sera plus tard très utile :

Trouver la condition nécessaire et suffisante pour que les trois points de la sphère qui ont respectivement x', y'; x'', y''; x''', y''' pour coordonnées sphériques, soient sur un grand cercle.

La condition cherchée est que l'on puisse déterminer A, B, C de manière à avoir :

$$\begin{aligned} A \cos x' \cos y' + B \cos y' \sin x' + C \sin y' &= 0 \\ A \cos x'' \cos y'' + B \cos y'' \sin x'' + C \sin y'' &= 0 \\ A \cos x''' \cos y''' + B \cos y''' \sin x''' + C \sin y''' &= 0 \end{aligned}$$

c'est-à-dire, de façon que la relation

$$\begin{vmatrix} \cos x' \cos y' & \sin x' \cos y' & \sin y' \\ \cos x'' \cos y'' & \sin x'' \cos y'' & \sin y'' \\ \cos x''' \cos y''' & \sin x''' \cos z''' & \sin y''' \end{vmatrix} = 0.$$

soit identiquement satisfaite.

94. Les grands cercles sont les lignes les plus simples que l'on puisse tracer sur une sphère. Ils sont à la sphère ce que les lignes droites sont au plan. En astronomie on a très fréquemment occasion de considérer des grands cercles, et on en fixe toujours les positions au moyen de deux éléments particuliers que nous allons définir et apprendre à déterminer.

95. Le premier de ces éléments que l'on appelle le *nœud* du grand cercle est l'un des points d'intersection du grand cercle avec celui auquel correspond le côté 1,2, du triangle de référence, le second appelé *obliquité* est l'un des angles sous lesquels le plan du grand cercle considéré est coupé en un nœud par celui du côté 1, 2.

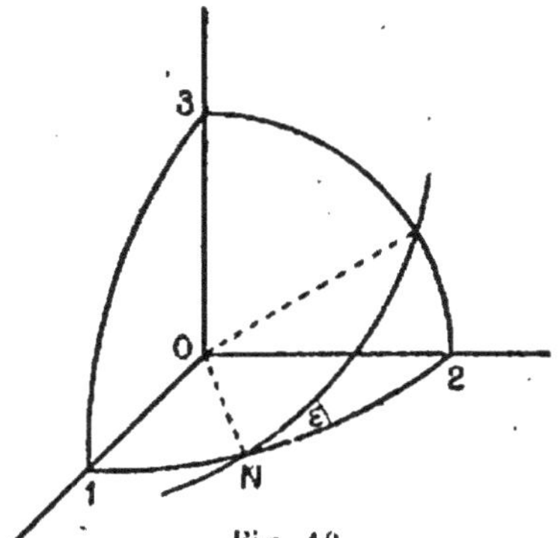

Fig. 10.

Ceci posé, soit :

$$A \cos y \cos x + B \cos y \sin x + C \sin y = 0$$

ou (1) $\operatorname{tang} y = a \cos x + b \sin x.$

l'équation d'un grand cercle. Pour un nœud N(*fig.* 10), la valeur de y sera nulle, et celle de x que nous appellerons x_0 sera telle que

$$(2) \qquad a \cos x_0 + b \sin x_0 = 0 ;$$

faisons $\qquad a = -m \sin \alpha, \qquad b = m \cos \alpha$

avec $\qquad m > 0 ; \quad$ et $\quad 0 < \alpha < 360^\circ$

m et α seront bien déterminés quand a et b le seront, et l'on pourra mettre les équations (1) et (2) sous la forme plus simple :

$$\operatorname{tang} y = m \sin (x - \alpha),$$
$$0 = \sin (x_0 - \alpha).$$

La dernière équation à laquelle il faut joindre les inégalités

$$0 < x_0 < 360^\circ, \qquad 0 < \alpha < 360^\circ$$

qui entrainent $\quad -360^\circ < (x_0 - \alpha) < 360^\circ$

donne,

$$x_0 = \alpha \qquad \text{et} \qquad x_0 = \alpha \pm 180^\circ$$

le signe étant celui de $180 - \alpha$. De là, résulte que tout grand cercle a deux nœuds qui sont situés aux extrémités d'un même diamètre du grand cercle dont le plan contient le côté 1,2.

Passons à la détermination de l'obliquité que nous appellerons ε. Si on désigne par x_0 l'abscisse du nœud auquel se rapporte cette obliquité, nous aurons (*fig.* 10) :

$$\operatorname{tang} \varepsilon = \pm \frac{\operatorname{tang} y}{\sin (x - x_0)}$$

x et y étant les coordonnées d'un point du grand cercle, voisin du nœud. Observant que x_0 est égal à α, ou à $\alpha + 180°$ ou à $\alpha - 180°$ et que $\tang y = m \sin(x - \alpha)$ on trouve simplement

$$\tang \varepsilon = \pm m.$$

Ce résultat prouve que l'obliquité supposée comprise entre 0 et 360° a quatre valeurs, que ces valeurs sont les mêmes quel que soit le nœud que l'on considère, et enfin qu'en appelant ε_0 la plus petite d'entre elles laquelle est comprise entre 0 et 90° les autres sont

$$180° - \varepsilon_0, \qquad 180° + \varepsilon_0, \qquad 360° - \varepsilon_0.$$

96. Les grands cercles que nous rencontrerons en astronomie se présenteront toujours comme orbites de certains mobiles, en sorte que nous connaîtrons non seulement l'équation du grand cercle, c'est-à-dire la relation qui existe entre les coordonnées x et y de ses différents points, mais encore l'expression de chacune de ces coordonnées en fonction du temps, ce qui permettra de trouver le sens dans lequel les coordonnées varient à partir de chaque instant, ou de chaque position. En se plaçant à ce point de vue, on peut préciser la notion du nœud et de l'obliquité, et ne considérer qu'une seule position, ou une seule valeur pour chacun de ces éléments.

97. Nous appellerons *nœud* celui des deux points de rencontre avec le grand cercle où l'ordonnée y, en s'annulant, passe du négatif au positif, c'est-à-dire va en croissant à mesure que le temps croît, ou encore a sa dérivée par rapport au temps positive.

Quant à l'obliquité qui a jusqu'ici quatre valeurs ε_0, $180° - \varepsilon_0$, $180° + \varepsilon_0$, $360° - \varepsilon_0$ également acceptables, nous prendrons la première si, à partir du nœud que nous venons de définir, l'ordonnée y et l'abscisse x des points du grand cercle vont l'une et l'autre en augmentant avec t; la seconde, si y va en augmentant et x en diminuant à mesure que t augmente; la troisième, si y et x vont en diminuant à mesure que t augmente; la quatrième enfin, si y va en diminuant et x en augmentant à mesure que t augmente.

98. *Distance angulaire comptée sur un arc de courbe sphérique quelconque.* On sait que l'on appelle distance angulaire comptée sur l'arc de grand cercle qui va du point A au point B, ou simplement distance angulaire entre les deux extrémités A et B de cet arc, l'angle formé par le rayon passant par A avec le rayon passant par B.

Nous allons maintenant définir ce qu'on entend par distance angulaire comptée sur un arc de courbe sphérique quelconque allant du point A au point B.

Supposons, qu'ayant pris sur un arc de courbe sphérique AB une suite de points successifs, on joigne par des arcs de grands cercles, l'extrémité A au premier point, le dernier point à l'extrémité B, et chaque point intermédiaire au suivant, de manière à former un polygone sphérique inscrit dans l'arc AB ; soient a_1, a_2.... a_n les côtés de ce polygone considérés toujours comme des distances angulaires : la somme

$$a_1 + a_2 + \dots + a_n = P$$

sera le périmètre du polygone et, par définition, la limite vers laquelle tend P, quand le nombre des côtés du polygone augmente et que tous ces côtés diminuent indéfiniment, sera la distance angulaire de A à B comptée sur l'arc de courbe AB. Reste à montrer que cette limite existe, et à en trouver la valeur. Pour cela joignons chaque sommet du polygone sphérique au sommet suivant par une droite ; soient $c_1\, c_2 \ldots c_n$, les côtés du polygone rectiligne ainsi obtenu ; en désignant par R le rayon de la sphère, nous aurons en général

$$c_i = 2\mathrm{R}\sin\frac{a_i}{2} = \mathrm{R}\left(\frac{\sin\frac{a_i}{2}}{\frac{a_i}{2}}\right)a_i$$

d'où

$$\sum c_i = \mathrm{R}\sum\frac{\sin\frac{a_i}{2}}{\frac{a_i}{2}}\,a_i$$

les sommes étant respectivement étendues à tous les côtés du polygone rectiligne et du polygone sphérique. Maintenant il est aisé de voir que la fonction $\frac{\sin\varpi}{\varpi}$ et par suite $\frac{\sin\varpi}{\varpi}$ décroissent à mesure que ϖ croît de 0 à 90° ; il suffit en effet de prendre la dérivée $\frac{\varpi\cos\varpi - \sin\varpi}{\varpi^2}$ de $\frac{\sin\varpi}{\varpi}$ et d'observer que $\operatorname{tang}\varpi$ étant $> \varpi$ cette dérivée est négative : si donc on appelle a_j la plus grande des valeurs de a_i et a_k la plus petite, on aura pour toutes les valeurs de i

$$\frac{\sin\frac{1}{2}a_j}{\frac{1}{2}a_j} < \frac{\sin\frac{1}{2}a_i}{\frac{1}{2}a_i} < \frac{\sin\frac{1}{2}a_k}{\frac{1}{2}a_k}$$

d'où

$$\mathrm{R}\,\frac{\sin\frac{1}{2}a_j}{\frac{1}{2}a_j}\cdot\sum a_i < \mathrm{R}\sum\frac{\sin\frac{1}{2}a_i}{\frac{1}{2}a_i}\cdot a_i.$$

et

$$R \sum \frac{\sin \frac{1}{2} a_i}{\frac{1}{2} a_i} a_i < R \frac{\sin \frac{1}{2} a_k}{\frac{1}{2} a_k} \sum a_i$$

ou

$$R \frac{\sin \frac{1}{2} a_j}{\frac{1}{2} a_j} \sum a_i < \sum c_i < R \frac{\sin \frac{1}{2} a_k}{\frac{1}{2} a_k} \sum a_i$$

ou encore

$$\frac{\sin \frac{1}{2} a_j}{\frac{1}{2} a_j} < \frac{\sum c_i}{R \sum a_i} < \frac{\sin \frac{1}{2} a_k}{\frac{1}{2} a_k}.$$

Jusqu'ici les valeurs de a_i, a_j, a_k, sont des mesures d'angles, prises par rapport à une unité quelconque, supposons maintenant que l'unité adoptée soit l'unité trigonométrique, les rapports $\frac{\sin \frac{1}{2} a_j}{\frac{1}{2} a_j}$ et $\frac{\sin \frac{1}{2} a_k}{\frac{1}{2} a_k}$ tendront vers 1 quand toutes les valeurs de a_i tendront vers o, donc $\frac{\sum c_i}{R \sum \bar{a}_i}$ tendra aussi vers 1, et si l'une des deux sommes $\sum c_i$ et $R \sum \bar{a}_i$ tend vers une certaine limite l'autre tendra vers la même limite.

Il résulte évidemment de là que si nous désignons par σ la longueur de l'arc de courbe AB et par s la distance angulaire comptée sur cet arc, nous aurons

$$\bar{s} = \frac{\sigma}{R};$$

ce qui n'est autre que la généralisation du résultat admis pour un arc de grand cercle.

99. *Distances angulaires infiniment petites.* Soit AμB un arc de courbe sphérique quelconque et AνB l'arc de grand cercle de mêmes extrémités ; nous allons démontrer que la limite du rapport des distances angulaires des deux points A et B comptées respectivement sur AμB et sur AνB est égale à l'unité lorsque les deux points A et B se rapprochent indéfiniment.

Appelons en effet s et a les deux distances angulaires dont il s'agit, σ et α' les longueurs des arcs AμB et AνB

On aura

$$\bar{s} = \frac{\sigma}{R} \qquad \text{et} \qquad \bar{a} = \frac{\alpha}{R},$$

d'où

$$\frac{s}{a} = \frac{\bar{s}}{\bar{a}} = \frac{\sigma}{\alpha} = \frac{\frac{\sigma}{c}}{\frac{\alpha}{c}},$$

c étant la corde AB. Or, quand le point B se rapproche indéfiniment du point A, les rapports $\frac{\alpha}{c}$ et $\frac{\sigma}{c}$ tendent vers 1, par conséquent lim de $\frac{s}{a} = 1$.

Ainsi dans une limite de rapports ou dans une limite de sommes on peut substituer à une distance angulaire infiniment petite comptée sur un arc de courbe sphérique quelconque, la distance angulaire même c'est-à-dire la distance angulaire comptée sur un arc de grand cercle, ayant les mêmes extrémités et réciproquement.

100. *Relation fondamentale entre les points de deux courbes sphériques correspondantes.* Considérons (*fig.* 11) deux courbes sphériques quelconques (C) et (C') se correspondant point par point c'est-à-dire telles que leurs points respectifs soient déterminés de position par les différentes valeurs d'un même paramètre t ; soient A et A' deux points correspondants quelconques obtenus en donnant au paramètre

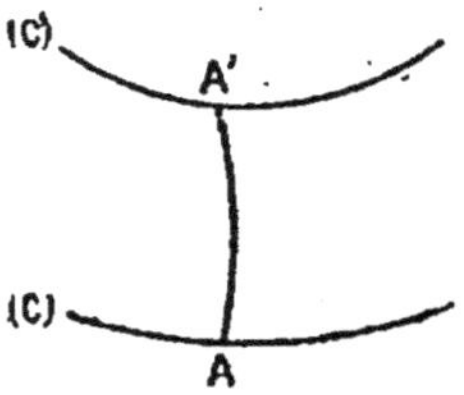

Fig. 11.

variable la valeur t; appelons l la distance angulaire AA', s et s' les distances angulaires respectivement comptées sur les courbes (C) et (C') à partir d'origines quelconques et terminées la première en A la seconde en A'; θ l'angle que l'arc de grand cercle tangent en A à la courbe (C) prolongé dans le sens positif forme avec AA' prolongé de A vers A' enfin θ' l'angle que l'arc de grand cercle tangent en A' à la courbe (C') prolongé dans le sens positif forme avec A'A prolongé de A' vers A ; les quantités, l, s, s', θ, θ' seront des fonctions bien déterminées de t qui varieront de Δl, Δs, $\Delta s'$, lorsqu'on fera croître t de Δt c'est-à-dire lorsqu'on substituera aux deux points correspondants A et A' des courbes (C) et (C'), les deux points correspondants voisins B et B'. Ceci posé prolongeons AA' et BB' jusqu'à leur rencontre en O, puis joignons A et B, A' et B' par des arcs de grand cercle correspondants aux distances angulaires AB et A' B'.

Les deux triangles sphériques qui ont pour sommets respectifs O, A, B et O, A', B' nous donneront par une des analogies de

Neper

$$\operatorname{tang}\frac{1}{2}(\mathrm{OB}-\mathrm{OA})=\operatorname{tang}\frac{1}{2}\mathrm{AB}.\frac{\sin\frac{1}{2}(\mathrm{OAB}-\mathrm{OBA})}{\sin\frac{1}{2}(\mathrm{OAB}+\mathrm{OBA})}$$

$$\operatorname{tang}\frac{1}{2}(\mathrm{OB}'-\mathrm{OA}')=\operatorname{tang}\frac{1}{2}\mathrm{A}'\mathrm{B}'\frac{\sin\frac{1}{2}(\mathrm{OA}'\mathrm{B}'-\mathrm{OB}'\mathrm{A}')}{\sin\frac{1}{2}(\mathrm{OA}'\mathrm{B}'+\mathrm{OB}'\mathrm{A}')},$$

ou en négligeant des infiniment petit d'un ordre supérieur au premier par rapport à AB et à A'B', ou simplement à Δt,

$$\operatorname{tang}\frac{1}{2}(\mathrm{OB}-\mathrm{OA})+\cos\theta\operatorname{tang}\frac{1}{2}\Delta s=0,$$

$$\operatorname{tang}\frac{1}{2}(\mathrm{OB}'-\mathrm{OA}')-\cos\theta'\operatorname{tang}\frac{1}{2}\Delta s'=0,$$

d'où en retranchant membre à membre

$$\operatorname{tang}\frac{\Delta l}{2}\left(1-\cos\theta\cos\theta'\operatorname{tang}\frac{1}{2}\Delta s\operatorname{tang}\frac{1}{2}\Delta s'\right)+$$

$$+\cos\theta\operatorname{tang}\frac{1}{2}\Delta s+\cos\theta'\operatorname{tang}\frac{1}{2}\Delta s'=0$$

et en négligeant de nouveaux termes infiniment petits d'un ordre supérieur au premier

$$\Delta\bar{s}\cos\theta+\Delta\bar{s}'\cos\theta'+\Delta\bar{l}=0.$$

Cette relation qui entraîne évidemment la suivante

$$\Delta s\cos\theta+\Delta s'\cos\theta'+\Delta l=0$$

où s, s', l sont maintenant des mesures rapportées à une même unité d'angle tout à fait quelconque, n'est qu'approchée, mais en la divisant par Δt et passant à la limite on a la relation exacte

$$\cos\theta \frac{ds}{dt} + \cos\theta' \frac{ds'}{dt} + \frac{dl}{dt} = 0$$

que nous écrirons en multipliant par $dt = \Delta t$ sous la forme différentielle

$$(1) \qquad \cos\theta ds + \cos\theta' ds' + dl = 0.$$

Ce résultat constitue la propriété fondamentale de la géométrie sphérique infinitésimale, nous allons en déduire sur le champ, plusieurs conséquences qui nous seront dans la suite d'un grand secours.

101. *Courbes équidistantes ou parallèles.* — Supposons (*fig.* 11) que la courbe (C′) ait tous ses points également distants de la courbe (C), et soit par conséquent obtenue en prenant à partir de la courbe (C) sur tous les grands cercles normaux à cette courbe une distance angulaire constante. Si nous prenons comme point A′ de (C′) correspondant à un point quelconque A de (C) l'extrémité de la normale à (C) menée par A, nous aurons $l =$ const. $\theta = 90°$ et la formule (1) donnera $\theta' = 90°$; ainsi AA′ sera aussi l'arc de grand cercle mené par A′ normalement à la courbe (C′); j'en conclus que les deux courbes (C) et (C′) auront leurs arcs de grands cercles normaux communs, et que tous les points de chacune d'elles seront à la même distance de l'autre. Deux courbes pareilles sont appelées courbes équidistantes ou parallèles.

102. *Développées et développantes.* — Quand deux courbes (C) et (C′) (*fig.* 12) se correspondent point par point de telle sorte que les arcs de grand cercle tangents à (C') soient les arcs de grand cercle normaux à (C) aux points correspondants, on dit que (C') est la développée de (C) et que (C) est la développante, de (C'). Si nous appliquons à deux pareilles courbes la relation fondamentale (1) nous aurons $\theta = 90$, $\theta' = 180$ et

par suite $$ds' = dl$$

d'où $$s' = l + \text{const}.$$

et enfin $$s'_2 - s'_1 = l_2 - l_1.$$

l_1, s'_1 et l_2, s'_2 étant deux systèmes de valeurs correspondantes de l et de s'; ainsi la distance angulaire comptée sur (C') entre deux points quelconques A'_1 et A'_2 est égale à la différence des distances angulaires comprises entre les deux points A'_2 et A'_1 et leurs points respectivement correspondants A_2 et A_1 de (C).

La réciproque est également vraie si tous les arcs de grand cercle $A_1A'_1$ qui joignent les points correspondants de (C) et de (C') sont tangents à (C') et tels que la distance angulaire comptée sur (C') entre deux points quelconques A'_1 et A'_2 soit égale à la différence des distances angulaires comprises entre ces deux points A'_2 et A'_1 et les points respectivement correspondants A_2 et A_1 de (C) (*fig.* 12), les arcs de grand cercle AA seront normaux à (C); en

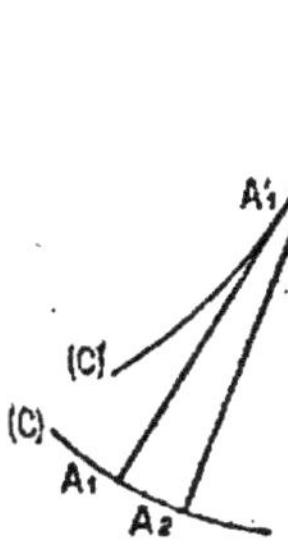

Fig. 12.

effet, on aura alors $\theta' = 180$, $l =$ const d'où $-\cos\theta'\, ds' = ds' = dl$, par suite $\theta = 90°$. Ceci prouve qu'à toute courbe (C') considérée comme développée correspond une infinité de développantes, lesquelles sont toutes parallèles entr'elles. Nous verrons plus bas qu'à toute développante correspond une développée.

103. *Détermination de l'angle sous lequel une ligne sphérique quelconque coupe les lignes coordonnées. — Relations entre la différentielle de la distance angulaire comptée sur la courbe et les différentielles $d\varpi$ et dy des coordonnées des points de celle-ci.*

Reprenons le système de coordonnées sphériques rectangulaires correspondantes au triangle de référence 1, 2, 3 (*fig.* 13). Considérons un point M situé sur une courbe quelconque que nous appellerons (M) et dont le sens positif sera supposé connu. Marquons sur (1, 2) le point Q qui occupe par rapport au pied P de l'ordonnée y du point M, la même position que 2 par rapport à 1, point dont l'abscisse est par conséquent $\varpi + 90°$, ou $\varpi - 270°$. Suivant que que ϖ est $<$ ou $>$ $270°$; nous donnerons au grand cercle MQ prolongé de M vers Q et au grand cercle M3 prolongé de M vers 3 le nom de lignes coordonnées relatives au point M; MQ étant d'ailleurs la ligne des abscisses ou des ϖ et M3 la ligne des ordonnées ou des y.

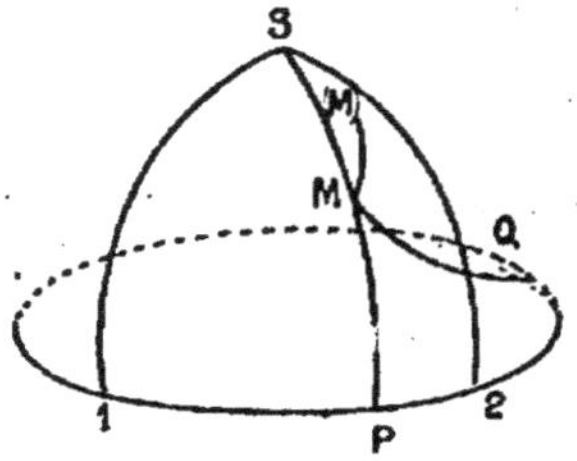

Fig. 13.

Appelons maintenant φ l'angle que font entre elles la courbe (M) et la ligne des ϖ relative au point M, ces lignes étant prolongées l'une et l'autre dans leur sens positif, et afin que le sinus de cet angle soit bien déterminé comme l'est déjà le cosinus, supposons l'angle décrit dans le sens positif, c'est-à-dire dans un sens tel que φ soit égal à $90°$ lorsque la courbe (M) se confond avec l'axe des y, M3, relatif au point M. Si nous appliquons la formule fondamentale (1) en prenant la courbe

(M) pour courbe (C), le grand cercle (1, 2) pour courbe (C') et successivement pour point correspondant de M, d'abord le point P, puis le point Q, nous aurons

$$-\sin\varphi ds + dy = 0$$

$$\cos\varphi ds - \cos y dx = 0$$

d'où l'on déduit

$$ds = \sqrt{dy^2 + \cos^2 y dx^2},$$

$$\sin\varphi = \frac{dy}{ds},$$

$$\cos\varphi = \cos y \frac{dx}{ds},$$

$$\tang\varphi = \frac{dy}{\cos y dx}$$

$$\cos y dx + i dy = e^{i\varphi} ds,$$

s étant la distance angulaire comptée sur la courbe (M) à partir d'une origine quelconque est terminée au point M et les différentielles étant prises par rapport au paramètre t qui sert à fixer la position des différents points M de (M) de sorte que ds et dt soient toujours de même signe.

104. Si au lieu des coordonnées rectangulaires x et y on fait usage des coordonnées polaires u et ω correspondant au même triangle de référence, pour définir la position des différents points M de la courbe ; après avoir donné le nom de ligne des azimuths et de ligne des rayons vecteurs relatives au point M, au grand cercle MQ prolongé de M vers Q et au grand cercle MP prolongé de M vers P (*fig.* 14), nous appellerons V l'angle sous lequel se coupent les courbes (M) et MP prolongées dans leur sens positif, cet angle étant d'ailleurs décrit dans un sens tel que $V = 90°$ lorsque (M) se confond avec MQ nous aurons alors

$$V - \varphi = 90° + K \cdot 360°,$$

K étant un nombre entier, d'où

$$\sin\varphi = -\cos V, \qquad \cos\varphi = \sin V$$

d'ailleurs on sait que

$$x = \omega, \qquad y = 90° - u$$

donc, les relations précédemment obtenues deviendront

$$ds = \sqrt{du^2 + \sin^2 u d\omega^2}, \qquad \sin V = \sin u \frac{d\omega}{ds},$$

$$\cos V = \frac{du}{ds}, \qquad \tang V = \sin u \frac{d\omega}{ds}$$

$$du + i \sin u d\omega = e^{iV} ds,$$

105. *Lieu des intersections successives d'une famille de grands cercles. — Enveloppe d'une famille de grands cercles.*

Considérons un grand cercle défini par son nœud dont nous désignerons l'abscisse par x_0 et par son obliquité que nous appellerons ε. Supposons que les deux éléments x_0 et ε soient des fonctions d'un paramètre variable t, à chaque valeur de t, répondra une position particulière du grand cercle et si l'on donne à t successivement toutes ses valeurs on aura toutes les positions successives du grand cercle dont l'ensemble constituera ce qu'on nomme une famille de grands cercles.

Ceci posé, soit (*fig.* 14) AT le grand cercle dans la position correspondante à la valeur t du paramètre variable, A'T le grand cercle dans la position voisine correspondante à la valeur $t + \Delta t$ du paramètre variable, nommons Δx_0 l'accroissement AA' que reçoit l'abscisse $1A = x_0$ du nœud, $\Delta\varepsilon$ l'accroissement que subit l'obliquité $(TA.2) = \varepsilon$, quand on passe de AT à A'T. Si T est un des points de rencontre, défini par le signe de son ordonnée, des deux grands cercles AT et A'T je dis que ce point a une position limite bien déterminée M, lorsque laissant t fixe on fait décroître Δt indéfiniment. En effet le triangle sphérique TAA' donne

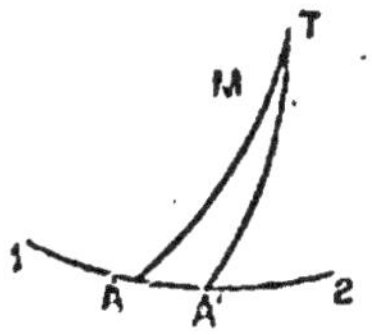

Fig. 14.

$$\cos TA \sin \Delta x_0 \sin(\varepsilon + \Delta\varepsilon) + \cos(\varepsilon + \Delta\varepsilon) \sin TA \sin\varepsilon =$$
$$= \sin TA \sin(\varepsilon + \Delta\varepsilon) \cos\varepsilon \cos\Delta x_0$$

d'où

$$\operatorname{tang} TA = \frac{\sin\Delta x_0 \sin(\varepsilon + \Delta\varepsilon)}{\sin(\varepsilon + \Delta\varepsilon)\cos\varepsilon\cos\Delta x_0 - \sin\varepsilon\cos(\varepsilon + \Delta\varepsilon)};$$
$$= \frac{\sin\Delta x_0 \sin(\varepsilon + \Delta\varepsilon)}{\sin\Delta\varepsilon - 2\sin^2\Delta x_0 \sin(\varepsilon + \Delta\varepsilon)\cos\varepsilon};$$

divisant par Δt et passant à la limite il vient

$$\lim \operatorname{tang} TA = \operatorname{tang} \lim TA = \frac{\frac{dx_0}{dt}\sin\varepsilon}{\frac{d\varepsilon}{dt}} = \sin\varepsilon \frac{dx_0}{d\varepsilon}$$

Ce qui prouve bien l'existence de la position limite M du point T. On peut en outre observer en passant que l'angle T sous lequel se coupent les deux grands cercles AT et A'T est infiniment petit du même ordre que Δx_0, $\Delta\varepsilon$ ou Δt ; en effet le même triangle ATA′ donne

$$\frac{\sin \mathrm{ATA'}}{\sin \mathrm{AA'}} = \frac{\sin(\varepsilon + \Delta\varepsilon)}{\sin \mathrm{AT}}.$$

Or, le premier membre a la même limite que $\frac{\mathrm{ATA}}{\Delta x_0}$ et le deuxième membre a pour limite la quantité finie et bien déterminée $\frac{\sin \varepsilon}{\sin \mathrm{AM}}$.

La limite M du point de rencontre T des deux grands cercles AT et AT′ est d'après ce que nous venons de démontrer un point bien déterminé situé sur le grand cercle AT qui correspond à la valeur t du paramètre variable, on peut donc le considérer comme défini de position par ce paramètre et si celui-ci varie et prend toutes les valeurs possibles, le point M décrira une courbe sphérique à laquelle on a donné le nom de lieu des intersections successives du grand cercle mobile; ceci posé, on a les deux théorèmes suivants.

106. Théorème. — *Ayant les mêmes données qu'au numéro* 105, *le grand cercle mobile pris dans une quelconque de ses positions est tangent au lieu des intersections successives et le point de contact est le point de ce lieu qui correspond à la position considérée du cercle mobile.*

Soient (*fig.* 45) M et M′ deux points du lieu des intersections successives, MA, M′A′ les positions du grand cercle mobile auxquelles ils se rapportent. Supposons, M, MA fixes et M et M′A′ respectivement infiniment voisins de M et de MA, il sera démontré que AM est l'arc de grand cercle tangent au point M au lieu des points M, si nous faisons voir que la distance angulaire M'P du point M' à AP est infiniment petite d'un ordre supérieur à MM' où à Δt ; en effet, menons l'arc de grand cercle MM', l'angle M'MP dont le sinus est $\frac{\sin M'P}{\sin MM'}$ sera alors infiniment petit et la limite de la direction de MM' c'est-à-dire celle de la tangente au lieu des points M se confondra avec AM. Or le triangle M'TP donne $\sin M'P = \sin M'T \sin M'TP$ mais $\sin M'TP$ est du même ordre que MM' comme on l'a vu plus haut, $\sin M'T$ est infiniment petit car M' et T ont l'un et l'autre le point M pour limite et par suite se confondent à la limite, donc M'P est d'un ordre supérieur à M'M, donc, etc.

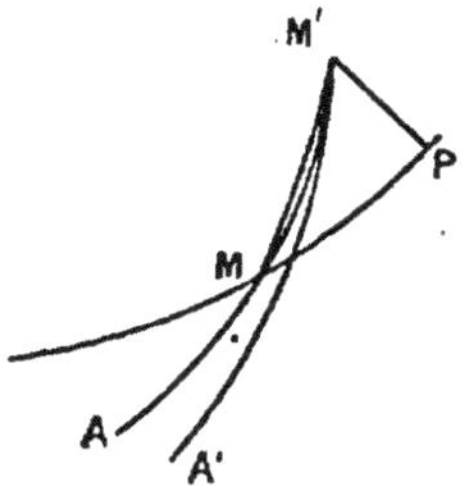

Fig. 15.

107. *Corollaire.* De la propriété précédente résulte qu'à toute développante répond une développée.

108. Théorème. — *Lorsque tous les grands cercles d'une même famille sont tangents chacun en un point particulier à une même courbe que l'on nomme leur enveloppe, celle-ci peut aussi être considérée comme le lieu des intersections successives des différents grands cercles, les points de ce lieu étant d'ailleurs les points de contact des grands cercles avec leur enveloppe.*

Prenons (*fig.* 16) deux des grands cercles, le premier fixe, le second infiniment voisin du premier, appelons M et M' les points de contact avec leur enveloppe et abaissons M'P perpendiculaire sur MT, cette distance sera infiniment petite d'un ordre supérieur à MM' ou Δt, M'TP est d'ailleurs du même ordre que Δt d'après ce qu'on a vu plus haut ; donc MT dont le sinus est $\frac{\sin M'P}{\sin MM'}$ est infiniment petit, cela revient à dire que si l'un des deux points M ou T a une position limite bien déterminée, l'autre à la même positon limite. Or M' a M pour position limite, donc T a aussi le point M pour limite et le lieu des intersections successives se confond bien avec l'enveloppe.

107. *Courbure géodésique d'une courbe sphérique.* Soit une courbesphérique(M)(*fig.*16). Prenons sur cette courbe un point déterminé M et un second point M' variable et infiniment voisin de M. Menons en M et M' des arcs de grand cercle tangents à (M) qui prolongés tousles deux dans le sens positif se coupent en T sous un angle infiniment petit ε; le rapport de cet angle ε à la distance angulaire s de M à M' comptée sur la courbe (M) tendra vers une limite qui sera ce qu'on appelle la courbure géodésique de la courbe (M) au point M, et que nous représenterons par $\frac{1}{\rho_g}$, ρ_g étant le rayon de la courbure géodésique.

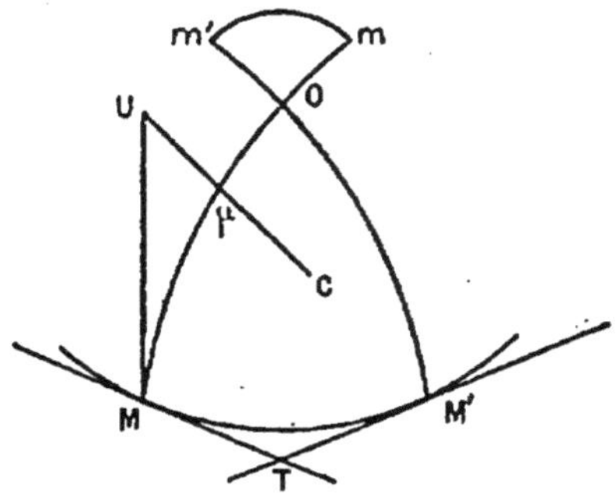

Fig. 16.

Démontrons que la limite de $\frac{\varepsilon}{s}$ existe et cherchons-en la valeur. Menons par M' un arc de grand cercle normal à (M) et prenons $M'm' = 90°$; lorsque le point M' en se rapprochant indéfiniment de M décrira l'arc M'M, le point m' décrira un arc de courbe parallèle $m'm$ en se rapprochant du point m situé sur l'arc de grand cercle normal en M à (M) à une distance angulaire de M égale à 90°. Cela posé, considérons les triangles sphériques dont m',O et m, M',O et M sont les sommets respectifs, nous en déduirons successivement.

$$\sin O \cos OM = \sin mm' \sin mm'O$$

$$\sin O \sin OM = \sin MM' \sin MM'O$$

et en divisant membre à membre

$$\cot OM = \frac{\sin mm'}{\sin MM'} \cdot \frac{\sin mm'O}{\sin MM'O};$$

faisant maintenant tendre M' vers M le point O tendra vers le point μ correspondant à M dans la développée de la courbe (M) considérée comme développante, sin mm'O, et sin MM'O tendront vers 1, enfin $\frac{\sin mm'}{\sin MM'}$ tendra vers $\frac{\overline{mm'}}{\overline{MM'}}$ ou vers $\frac{1}{\rho_g}$, donc on aura

$$\frac{1}{\rho_g} = \cot \psi,$$

en appelant ψ la distance angulaire du point M au point μ distance que nous appellerons rayon géodésique, le point μ recevant lui-même le nom de centre géodésique.

108. Le centre μ et le rayon Mμ jouissent de plusieurs propriétés qui permettent de considérer ce centre et ce rayon sous divers points de vue différents. Observons d'abord que les plans des grands cercles MO, M'O étant les plans normaux de la courbe (M) aux points M et M', ont pour intersection à la limite, l'axe du cercle de courbure de (M) en M; donc ψ est l'angle que fait le plan osculateur de la courbe (M) avec le plan tangent à la sphère, mais ρ étant le rayon de courbure de la courbe (M) et R le rayon de la sphère, on a, d'après le théorème de Meunier,

$$R \sin \psi = \rho$$

donc

$$R \cos \psi = \frac{\rho}{\rho_g}$$

ajoutons encore que si on mène la tangente en M au grand cercle $M\mu$ et que U soit son point de rencontre avec le prolongement du rayon $C\mu$ ce point U sera un point de l'arête de rebroussement de la surface développable circonscrite à la sphère tout le long de (M) ; de plus on aura $MU = R\rho_g$.

La courbure géodésique est un élément qui figure dans l'expression d'un grand nombre d'infiniment petits d'ordre élevé. C'est ce que nous allons faire voir après avoir démontré un théorème qui fournit le moyen d'obtenir l'ordre infinitésimal et la valeur principale d'autant d'infiniment petits que l'on veut.

109. Théorème. — *Soient deux fonctions X et Y d'une variable indépendante x, qui s'annulent l'une et l'autre pour $x = 0$, si le rapport $\dfrac{\frac{dY}{dx}}{\frac{dX}{dx}}$ des dérivées de ces fonctions tend vers une limite déterminée et finie lorsque x tend vers zéro, le rapport $\dfrac{Y}{X}$ des fonctions tendra vers la même limite.*

Considérons X et Y comme les coordonnées cartésiennes des points d'une courbe plane (*fig.* 17). Cette courbe passera par l'origine O, puisque $X = 0$ et $Y = 0$, pour $x = 0$; de plus, si après avoir pris un de ses points M_1 on mène la corde OM_1, il sera possible de trouver un point M_2 compris entre

O et M_1 pour lequel la tangente à la courbe sera parallèle à OM_1. Cela revient à dire que la valeur de $\frac{Y}{X}$ correspondante à une valeur quelconque x_1 de x est égale à la valeur de $\frac{\frac{dY}{dx}}{\frac{dX}{dx}}$.

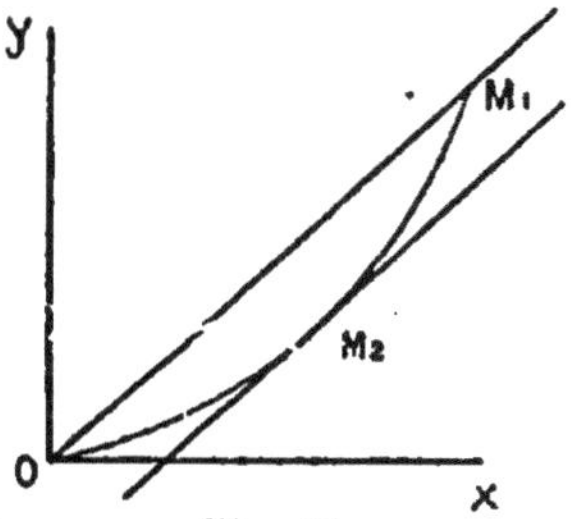

Fig. 17.

correspondante à une autre valeur x_2 de x plus petite que x_1. Ceci posé, faisons tendre x_1 vers zéro, d'une manière absolument arbitraire, x_2 qui est constamment $< x_1$ tendra aussi vers zéro mais avec cette différence qu'il ne sera pas possible de disposer de sa loi de décroissance ; quoi qu'il en soit, comme $\frac{\frac{dY}{dx}}{\frac{dX}{dx}}$ admet par hypothèse une limite bien déterminée, il en sera de même de $\frac{Y}{X}$ qui lui est constamment égal. C. Q. F. D.

110. Ceci posé, soient sur une courbe sphérique (M) deux points l'un fixe M et l'autre M' variable et infiniment voisin de M ; menons l'arc de grand cercle tangent en M à la courbe (M) et proposons-nous de trouver l'ordre infinitésimal et la valeur principale de la distance angulaire M'P du point M' à l'arc tangent MT.

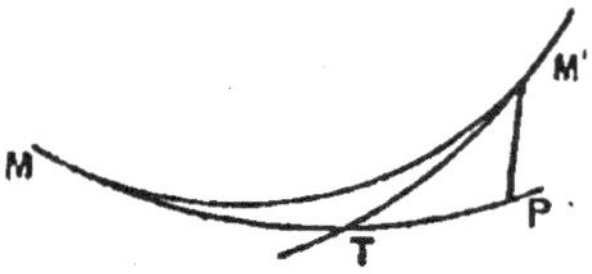

Fig. 18.

Je pose (*fig.* 18) $M'P = y$ et je conserve toutes les notations des numéros précédents.

Le triangle sphérique dont M', M et P sont les sommets, nous donnera

$$\sin \bar{y} = \sin \bar{u} \sin \bar{\omega}$$

d'où en différenciant par rapport à $\bar{s}$

$$\cos \bar{y} \frac{d\bar{y}}{d\bar{s}} = \cos \bar{u} \sin \bar{\omega} \frac{d\bar{u}}{d\bar{s}} + \cos \bar{\omega} \sin \bar{u} \frac{d\bar{\omega}}{d\bar{s}}$$

et en remplaçant $\frac{d\bar{u}}{d\bar{s}}$ et $\frac{d\bar{\omega}}{d\bar{s}}$ par leurs valeurs obtenues précédemment (n° **104**)

$$\cos \bar{y} \frac{d\bar{y}}{d\bar{s}} = \cos \bar{u} \sin \bar{\omega} \sin V + \cos \bar{\omega} \sin V$$

mais le deuxième membre équivaut à

$$\sin \varepsilon \cos M'T = \sin \varepsilon \cos \bar{y} \cos \widehat{TP}$$

d'après une des formules à cinq éléments et une autre relative aux triangles rectangles, donc on a simplement

$$\frac{d\bar{y}}{d\bar{s}} = \sin \varepsilon \cos \widehat{TP},$$

de sorte qu'en divisant par $\bar{s}$, on pourra écrire

$$\frac{d.\bar{y}}{d.\frac{1}{2}\bar{s}^2} = \frac{\sin \varepsilon}{\bar{s}} . \cos \widehat{TP}.$$

Or, si l'on fait tendre s vers zéro, le deuxième membre tendra vers $\frac{\bar{\varepsilon}}{s} = \frac{1}{\rho_g}$; il en sera donc de même du premier, et comme celui-ci est le rapport de deux différentielles, nous trouverons enfin d'après le théorème précédemment démontré

$$\lim \frac{2\overline{y}}{\overline{s}^2} = \frac{1}{\rho_g} \qquad \text{ou} \qquad y = \frac{\overline{s}^2}{2} \cdot \frac{1}{\rho_g}(1 + \eta),$$

η, étant infiniment petit avec s; ce résultat conduit à un grand nombre de conséquences.

111. En effet, si on néglige les infiniment petits d'un ordre supérieur à ceux que l'on conserve, on a

$$\overline{y} = \overline{s}\overline{\omega}, \qquad \overline{y} = \frac{\overline{\varepsilon}}{2} s,$$

d'où

$$\omega = \frac{\varepsilon}{2}, \qquad \omega + V - \varepsilon = o, \qquad V = \omega = \frac{\varepsilon}{2},$$

par suite

$$MT = AT = \frac{s}{2} = \frac{u}{2}.$$

112. Conservant les hypothèses et les définitions précédentes, proposons-nous encore de déterminer l'ordre infinitésimal et la valeur principale de la différence δ entre la distance angulaire s comptée sur (M) et comprise entre M et M_1 et la distance angulaire u comprise entre les deux mêmes points. Posons

$$\delta = s - u, \text{ par suite } \overline{\delta} = \overline{s} - \overline{u}$$

et différentions par rapport à $\overline{s}$, nous aurons

$$\frac{d.\overline{\delta}}{d\overline{s}} = 1 - \frac{d\overline{u}}{d\overline{s}} = 1 - \cos V = 2 \sin^2 \frac{V}{2}$$

divisant par $\bar{s}^2$, nous pourrons d'abord écrire le premier membre de la manière suivante

$$\frac{d.\bar{\delta}}{d.\dfrac{\bar{s}^3}{3}}$$

quant au second il tendra vers une limite facile à calculer et qui sera

$$\lim \frac{2\sin^2\dfrac{V}{2}}{\bar{s}^2} = \lim \frac{\dfrac{\bar{V}^2}{2}}{\bar{s}^2} = \lim \frac{\dfrac{\bar{\varepsilon}^2}{8}}{\bar{s}^2} = \frac{1}{8}\lim\left(\frac{\varepsilon}{\bar{s}}\right)^2 = \frac{1}{8}\left(\frac{1}{\rho_g}\right)^2$$

Mais cette limite est aussi celle du premier membre, donc celui-ci étant le rapport de deux différentielles, nous trouvons enfin d'après le théorème précédemment démontré

$$\lim \frac{3\bar{\delta}}{\bar{s}^3} = \frac{1}{8}\left(\frac{1}{\rho_g}\right)^2 \quad \text{ou} \quad \bar{\delta} = \frac{\bar{s}^3}{24}\left(\frac{1}{\rho_g}\right)^2(1+\eta),$$

η étant infiniment petit avec $\bar{s}$

ERRATA

Page 13, ligne 17, *au lieu de* n, p', q'', *lire* n^0, p', q'.

— 14. ligne 7, *au lieu de* $n_1^2 + \left(\frac{4n_2}{60}\right)$ *lire* $n_1^2 + \left(\frac{4n_2}{60}\right)^2$.

— — ligne 8, *au lieu de* $p_1^2 + \left(\frac{4p_2}{60}\right)^2$, *lire* $p_1^2 + \left(\frac{4p_2}{60}\right)^2$.

— 32 ligne 12 *au lieu de* $\lim \frac{c}{\alpha}$, *lire* $\lim \frac{c}{a}$.

— 45 ligne 18, *au lieu de* $\cos C = -\cos A \cos B + \sin A \sin A \sin C$ *lire* $\cos C = -\cos A \cos B + \sin A \sin B \cos c$.

TABLE DES MATIÈRES

Tours. — Imprimerie Deslis Frères.

www.ingramcontent.com/pod-product-compliance
Lightning Source LLC
Chambersburg PA
CBHW071200200326
41519CB00018B/5299
9782013521987